深圳市规划国土发展研究中心
"政府规划师研究基金"资助

新时代海洋规划
——深圳市探索与实践

古海波　李孝娟　编著

中国建筑工业出版社

审图号：粤 BS（2024）073 号

图书在版编目（CIP）数据

新时代海洋规划：深圳市探索与实践 / 古海波，李孝娟编著 . -- 北京：中国建筑工业出版社，2024. 10.

ISBN 978-7-112-30209-3

Ⅰ . Q178.53

中国国家版本馆 CIP 数据核字第 2024CQ6831 号

责任编辑：朱晓瑜　李闻智
责任校对：赵　力

新时代海洋规划

——深圳市探索与实践

古海波　李孝娟　编著

*

中国建筑工业出版社出版、发行（北京海淀三里河路 9 号）

各地新华书店、建筑书店经销

北京雅盈中佳图文设计公司制版

建工社（河北）印刷有限公司印刷

*

开本：787 毫米 ×1092 毫米　1/16　印张：$12\frac{1}{2}$　字数：220 千字

2024 年 9 月第一版　2024 年 9 月第一次印刷

定价：**148.00** 元

ISBN 978-7-112-30209-3

（43611）

本书编委会

编　著：古海波　李孝娟

参编人员

顾　新　曾　昕　翁锦程　缪迪优　梁　凯　陈家进
陈昱帆　崔　翀　胡　洁

特别鸣谢

徐洪涛　贲　放　陈立新　陈　晓　史吉航　刘　玮
刘　蓉　彭佳龙　李冬梅　伍家逮

前言
PREFACE

　　海洋是生命的摇篮、资源的宝库、交通的命脉、战略的要地。世界强国，必然是海洋强国。习近平总书记指出："我国是一个海洋大国，海域面积十分辽阔。一定要向海洋进军，加快建设海洋强国。"改革开放以来，我国加强维护海洋权益，各项涉海事业加快发展，通江达海、沟通全球的现代航运体系为经济社会发展提供了重要支撑。党的二十大报告提出："发展海洋经济，保护海洋生态环境，加快建设海洋强国"，这意味着建设海洋强国已成为中国特色社会主义事业的重要组成部分，经略海洋迎来前所未有的机遇。在新的时代浪潮中，深圳市在海洋规划领域展现出了前所未有的雄心壮志与创新精神。作为一座崛起于改革开放浪潮中的城市，深圳一直在国土空间规划领域不懈探索，致力于构建可持续、生态友好、高质量发展的城市模式。然而，我们深知，现实的挑战需要更为广阔的视角，需要我们从陆地延伸至海洋，探寻更为丰富的发展可能性。

　　海洋，作为地球的重要组成部分，不仅是生态系统的宝贵资源库，更是人类发展的新蓝海。深圳市在面对海洋的巨大机遇和责任时，勇于迈出坚实的一步。2011年，深圳市成为首批全国海洋经济科学发展示范城市，承担着海洋层面改革创新、科学发展的试验区功能，"海洋兴市"成为新的发展目标。2012年，深圳市规划和国土资源委员会正式加挂深圳市海洋局牌子，从管理架构上基本实现了陆海一体化管理，开启了陆海统筹发展新时期。以此为契机，深圳市开始了大规模的海洋规划探索，秉持着"创新、协调、绿色、开放、共享"的新发展理念，积极落实国家战略要求，勇当海洋强国尖兵，在生态文明的视角下向海图强、挺进深蓝。通过多方位的研究和实践，构建了一个符合海洋环境特征的海洋规划框架，明确了建设全球海洋中心城市的发展愿景，为城市的转型和可持续发展注入了新动力。

　　自2011年以来，深圳市规划国土发展研究中心参与了深圳市海洋规划的全过程，承担了深圳市规划和自然资源局委托的《深圳市海洋发展规划

（2023—2035 年)》《深圳市国土空间总体规划（2021—2035 年)》《深圳市海洋经济发展"十四五"规划》《深圳市海洋生态环境保护规划（2016—2025 年)》《深圳市海岸带综合保护与利用规划（2018—2035)》《深圳市沙滩专项规划》《深圳市无居民海岛用岛标准制定》《深圳市海域详细规划编制技术指引》等系列课题研究。本书在深圳市规划和自然资源局委托深圳市规划国土发展研究中心主持开展的系列海洋规划项目的基础上编著完成，由古海波、李孝娟负责本书的总体框架设计和统稿工作。各章主要编写人如下：

第 1 章：古海波、陈家进；第 2 章：古海波；第 3 章：古海波、李孝娟；第 4 章：李孝娟、缪迪优；第 5 章：李孝娟、翁锦程；第 6 章：曾昕、梁凯、李孝娟、陈昱帆。最后由古海波、李孝娟进行整理补充与修改完善等统稿工作。此外，顾新为本书提供了大量摄影照片，申晖在文献收集和整理过程中提供了重要支持。

本书是编著团队对多年长期实践工作的系统总结与凝练，深入探讨了深圳市在新时代海洋规划领域所取得的显著成果，旨在为全球关注海洋可持续发展的学者、决策者和公众提供有益的借鉴与启示。深圳市的经验不仅对我国其他城市有着积极的启发意义，更对全球海洋事业的未来发展具有深远的影响。在全球面临着日益严峻的气候变化、海洋环境恶化的当下，深圳市在新时代海洋规划中的努力与实践无疑是引领时代潮流的一大亮点。在我们共同的责任下，让我们携手努力，为建设更加和谐、可持续的海洋环境和高质量发展的海洋经济而努力奋斗！

编著团队在开展海洋系列规划的编制和研究过程中，得到了深圳市规划和自然资源局、深圳市海洋发展局领导的高度重视和大力支持。在本书的编写过程中，还得到了徐洪涛、贲放、陈立新、陈晓、史吉航、刘玮、刘蓉、彭佳龙、李冬梅、伍家逵等领导和同事的指导和帮助，在此表示衷心的感谢！

愿本书可提供全新的视角，激发更多关于海洋可持续和高质量发展的讨论，并为未来的海洋事业注入更多的智慧和动力。受篇幅所限，海洋总体规划和海域详细规划项目的大量探索暂未纳入本书内容中，我们希望能在下一本专著中进行补充和完善。由于学术水平和时间精力有限，书中难免存在缺陷错漏，敬请读者不吝指正。

编者

2024 年 6 月 27 日

目 录

CONTENTS

第1章
对海洋规划的认识

第**2**章
新时代深圳市海洋规划的探索

第**3**章
海洋发展战略研究

第**4**章
海岸带保护与利用规划研究

第5章
沙滩专项规划

第**6**章

无居民海岛规划

第 **1** 章
对海洋规划的认识

01
CHAPTER

1.1 海洋规划的定义及发展

海洋规划（Marine Planning）是一项分析和部署海域范围内时间和空间活动的公共政策工具，旨在通过规划过程实现特定的生态、经济和社会发展目标。海洋规划本身并不是目的，而是一种实践方式，旨在建立一套更加合理的海洋空间利用模式，通过协调社会经济发展与环境保护的需求，在保护的基础上以一种开放、有序的方式对海域空间和资源进行合理利用，实现对海洋生态环境的有效保护和社会经济高质量发展。

在过去的几个世纪里，人类对海洋资源的需求逐渐增加，但在开发过程中因为缺乏整体性和协同性，导致了海洋资源的过度开发和生态环境的破坏。为解决这些问题，海洋规划在国际上逐渐崭露头角，成为维护海洋生态平衡和促进可持续经济发展的有效途径。但海洋规划的目标不仅是有效利用海洋资源，还在于通过战略性的方案和指导性计划，综合考虑海洋的多重利益，包括从经济、社会和环境等层面进行综合管理。这种综合性的管理方式可以有效地避免管理的碎片化和冲突，确保各类海洋活动的协调和可持续发展。

在国际层面，主要沿海国家纷纷致力于构建健全的海洋规划体系，制定了一系列旨在平衡经济增长和环境保护的政策、规划和计划。各国逐渐认识到海洋规划的重要性，因为它不仅为海洋资源的合理开发提供了保障，也为保护海洋生态系统和生态平衡提供了有效手段。

世界主要沿海国家的海洋规划发展经验为我国提供了宝贵借鉴。借鉴其他国家的成功经验，我国可积极构建适合自身国情的海洋规划体系，全面考虑经济、社会和环境的需求，实现海洋资源的可持续利用，推动海洋经济的高质量发展。因此，海洋规划的构建不仅是我国加强海洋管理的需要，也是实现经济可持续发展的必由之路。

1.2 国外海洋规划的发展历程

1.2.1 美国的海洋规划历程

美国在海洋规划和海洋规划立法方面均有着丰富的历史和经验，发布了一系列重要规划、法案和政策，其海洋规划体系经历了多个阶段的演变，并随着时代发展不断进行更新和完善。

1. 20 世纪 50—60 年代：制定中长期海洋发展规划

早在 1959 年，美国科学院海洋学委员会就制定了《美国海洋学十年规划（1960—1970）》，对海洋管理制度开始了研究。同年又制定了《海军海洋学十年规划》，成为世界上第一个军事海洋学规划。1963 年，美国联邦科学技术委员会海洋学协调委员会制定了《美国海洋学长期规划（1963—1972）》，接着在 1969 年出台了《我们的国家和海洋——国家行动计划》。

2. 20 世纪 70—80 年代：强调海洋立法工作

美国在 1972 年通过了《海洋保护、研究和保护区法案》和《海岸带管理法》，其中《海岸带管理法》是世界上第一部综合性海岸带法。法案鼓励地方政府实施区域管理制度，解决了海岸带开发与保护的冲突，同时在经济上为地方提供了基金支持。到了 20 世纪 80 年代初期，美国又进一步细化和巩固了美国的海洋权利，其在 1983 年颁布了《美国海洋政策声明》法案。

3. 20 世纪 80—90 年代：开展海洋科技规划研究

1986 年，美国颁布了《全国海洋科技发展规划》；1989 年，美国国家海洋和大气管理局（NOAA）制定了《沿岸海洋计划（COP）》，旨在集中 NOAA 和沿海科学界的力量解决长期存在的沿岸急迫问题。1990 年，《90 年代海洋科技发展报告》发布，提出要保持和增强美国在海洋科技方面的领导地位。随后发布的《海洋行星意识计划》《1995—2005 年海洋战略发展规划》《海洋地质规划（1997—2002）》《沿岸海洋监测规划（1998—2007）》《美国海洋 21 世纪议程》（1998 年）和《制定扩大海洋勘探的国家战略》等都进一步巩固了美国在海洋科技方面的领导地位。

4. 2000—2020 年：海洋发展战略和国家海洋政策研究

进入 21 世纪，美国通过超前的海洋战略展现了其强大的经略意识，着力进行系统规划和关键领域研究，制定了一系列海洋发展战略规划和国家海洋政策，以实现持续、高效的海洋开发。2000 年，美国颁布了《海洋法》（*Oceans Act of 2000*），根据该法，2001 年 7 月成立了全国统一的海洋政策研究机构——美国海洋政策委员会。随后陆续制定了《海洋立体观测系统计划》《21 世纪海洋发展战略规划》《2001—2003 年大型软科学研究计划》和《2003—2008 年及未来 NOAA 科研战略规划：认识从海底到太阳表面的环境》等。2004 年底，美国海洋政策委员会向国会提交了名为《21 世纪海洋蓝图》的海洋政策报告，对海洋管理政策进行彻底的评估，并为 21 世纪美国海洋事业与发展描绘出了新的蓝图。2004 年 12 月 17 日，时任美国总统布什发布行政命令公布了《美国海洋行动计划》，对落实《21 世纪海洋蓝图》提出具体措施，并对美国政府未来几年的海洋发展战略做出全面部署。同年公布的《21 世纪海上力量合作战略》被视为美国一项相对完整的海上力量发展战略。2007 年，美国又颁布实施了《规划美国今后 10 年海洋科学事业：海洋研究优先计划和实施战略》。2009 年 6 月 12 日，时任美国总统奥巴马签署了关于制定美国海洋政策及其实施战略的备忘录，并部署编制海洋空间规划，要求采用全面、综合和基于生态系统的方法，既要考虑海洋、海岸与大湖区资源的保护问题，又要考虑经济活动、海洋资源利用者间的矛盾与冲突以及资源的可持续利用等各种问题。2015 年，美国海洋研究委员会制定了《海洋变化：2015—2025 海洋科学十年计划》（*Sea Change：2015-2025 Decadal Survey of Ocean Sciences*），确定了海洋基础研究的关键领域。同时，为了保护海洋及海岸生态系统，NOAA 出台了《未来十年发展规划》，在规划中分析了美国海洋开发的主要发展趋势，通过海洋科技创新，引领海洋开发和推动经济发展，展现其强大的科技实力，为美国海洋发展提出了新的基本方略。此外，美国特别强调海军的作用，通过"重建海军"和"重返制海"战略，致力于维护美国在全球海洋的主导地位。通过在印太地区和北极地区的布局，谋求全球海洋地缘态势的重塑，将这两个地区作为新的海洋地缘布局支柱。这一系列战略体现了美国对海洋领域的全面认知和应对大国竞争的战略调整。

5. 21 世纪 20 年代至今：强化海洋保护工作

最近几年，美国持续致力于加强海洋保护工作。2022 年，NOAA 的海洋保护区办公室发布了两份重要的文件：《2022—2027 年国家海洋保护区体系五年战略》和《国家海洋保护区未来 20 年的转型愿景（2022—2042）》。前者明确了未来五年国家海洋保护区及其他海洋保护区建设的六大目标，为未来的行动提供了清晰的框架；后者则借鉴了过去的经验，利用最新的科技，并考虑到当前和未来海洋及五大湖资源所面临的威胁，提出了国家海洋保护区体系未来 20 年的保护愿景。这两份文件共同描绘了美国对于海洋保护的长远规划和雄心壮志。

美国的海洋管理模式随着海洋规划体系不同阶段的变化也在进行演变，大致经历了三个主要阶段，体现了美国对海洋资源认知的深化和管理机制的不断完善：

1）行政区划管理模式（美国建国至第二次世界大战前）

初始阶段，美国建立了涵盖航海、贸易等方面的海洋管理机构。联邦政府主导海洋运输、贸易、税收和港口发展，而各州对领海内的水下土地和资源拥有控制权，导致联邦与州政府之间的长期权力博弈。此时，行政区划管理模式占主导地位。

2）部门管理模式（第二次世界大战后至 20 世纪 70 年代）

这段时期，海洋管理以部门管理为主导。不同部门负责渔业、海洋环境保护等不同方面的管理，导致管理碎片化，缺乏协调与统筹。因管理的碎片化和部门利益的冲突，这一时期的海洋管理面临诸多的挑战。

3）综合管理模式（20 世纪 70 年代至今）

自 20 世纪 70 年代起，美国实施综合管理模式，设立跨部门协调机构（如国家海洋委员会），以整合联邦各部门的海洋管理工作。此外，推行区域性的海洋管理，如海岸带管理和海洋保护区管理，强调协同合作，提高了海洋资源管理的效率。这种综合管理模式在当前仍然起着重要作用，以适应不断变化的海洋环境和需求。

1.2.2　英国的海洋规划历程

英国是历史悠久的海洋国家，在长期的向海发展过程中制定了完善的海洋法律体系。这些海洋法律涵盖了多个领域，根据用途可分为渔业、油气勘查和开采、海洋规划等，主要包括《海岸保护法》（1949 年）、《大陆架法》（1964 年）、《防止石油污染法》（1971 年）、《海上石油开发法（苏格兰）》（1975 年）、《渔区法》（1976 年）、《渔业法》（1981 年）、《领海法》（1987 年）、《海洋渔业（野生生物养护）法》（1992 年）、《海上安全法》（1992 年）、《海上管道安全法令（北爱尔兰）》（1992 年）、《商船运输法》（1995 年）、《渔业法修正案（北爱尔兰）》（2001 年）、《海洋与海岸带准入法》（2009 年）等。

英国的海洋法律对各种海洋活动进行了规范和管理，也为各类海洋规划提供了强力保障，海洋规划体系在海洋相关法律的要求下经历了多个关键阶段的演变。

1. 20 世纪 70 年代：开始专项规划研究

英国苏格兰发展局为开发北海石油和天然气资源制定了《北海石油与天然气：海岸规划指导方针》，规定海洋油气业对海岸区域的利用只能在指定区域内进行。

2. 20 世纪 90 年代到 21 世纪 10 年代：持续进行海洋科学战略规划

1989 年，英国海洋技术协调委员会制定了《90 年代英国海洋科学技术发展规划》，提出英国今后 10 年国家海洋六大战略目标和海洋发展规划。2000 年，英国自然环境委员会（NERC）和海洋科学技术委员会（USTB）提出今后 5~10 年海洋科技发展战略，包括海洋资源可持续利用和海洋环境预报两方面的科技计划。英国地质调查局分别于 2005 年和 2008 年发布了《2005—2010 年的战略科学规划》和《2009—2014 年的战略科学规划》。2010 年，英国政府发布了《英国海洋科学战略》，将应对气候变化等三个方面确定为未来 15 年海洋科学研究的重点；同年又发布了《海洋能源行动计划》，提出在政策、资金、技术等多方面支持新兴的海洋能源发展，以帮助减少二氧化碳排放和应对气候变化。

3. 21 世纪 00—10 年代：出台海洋规划管理重要法律和政策

2009 年，英国出台了《英国海洋法》，提出了战略性海洋规划体系，包括编制确定海洋政策、海洋综合管理办法、海洋保护与利用目标、海洋规划与计划等；同年出台《海洋与海岸带准入法》扭转了海洋管理分散的局面，明确英国所属海域（领海、专属经济区和大陆架）的管理权限，标志着英国海洋管理体制的根本性变革，同时也确立了正式的海洋空间规划制度。这一法案将执行性非部委公共机构——海洋管理组织，作为规划编制的组织部门。2011 年，英国发布《英国海洋政策宣言》，提出建立海洋规划体系的需求，明确海洋规划的原则、内容和政策等。

4. 21 世纪初至今：海洋空间规划不断完善

在海洋规划的发展和演变过程中，海洋空间规划逐渐被认为是不可或缺的管理工具。2002 年，英国在《卑尔根宣言》中首次表达对海洋空间规划的认可，并开始探讨国家规划体系改革，引领了海洋规划体系发展的新时期。Tyldesley 基于土地利用规划体系和海洋特点，提出英国海洋空间规划体系的框架构想，形成包括联合王国、国家、区域和地方四个层级的海洋空间规划体系。在这一框架构想的研究基础上，英国逐步开展海洋空间规划及其体系建设的实践工作。2006 年，公布《英国海洋空间规划——爱尔兰海试点规划》（爱尔兰海域多用途区划）；2008 年，编制《莱姆湾海洋规划》，旨在推进海洋保护区划工作；2010 年，苏格兰编制完成《克莱德湾海洋空间规划》；2012 年，完成《马恩岛海洋空间规划》和《舍特兰岛海洋空间规划》；2014 年，完成《英格兰东部近海和远海规划》；2015 年，《苏格兰海洋规划》编制完成并实施，明确了苏格兰海洋规划政策指南，并划分出 11 个海区；2016 年，《彭特兰和奥克尼群岛海洋空间规划》编制完成并实施，同年，《英格兰南部近海和远海规划》编制完成。根据计划，到 2021 年英国将完成所有管辖海域的海洋空间规划编制工作。这些规划的编制不仅体现了英国对海洋空间的全面认知，也为未来的可持续发展奠定了基础。

英国的海洋与海岸带管理架构也随时代有新的发展，主要包括中央管理机构、地方管理机构和半官方机构三个层面。

1）中央管理机构

英国自大航海时代开始，随着对海洋认知的扩大，设立了多个中央管理机构来处理不断增加的海洋事务。管理机构包括皇室地产管理机构，环境、食品和乡村事务部，商业、企业和管理改革部，以及运输部的海事和海岸警备队等。其中，皇室地产管理机构负责管理皇室拥有的海域，在这些区域进行海洋开发，必须取得许可。其他海域则由环境、食品和乡村事务部，以及商业、企业和管理改革部负责管理。海事和海岸警备队则是主要的行政执法部门。

2）地方管理机构

各地方政府在海洋事务管理方面设有相应机构，包括英格兰的环境、食品和乡村事务部，苏格兰的环境和乡村事务部，威尔士的环境规划和乡村部以及北爱尔兰的农业和乡村发展部。这些机构相互平行，不存在从属关系，各自负责本地区海洋事务的管理。

3）半官方机构

除了官方机构外，还有一些半官方机构参与海洋事务管理，主要包括生产者组织和海洋渔业企业协会。这些组织对于英国水产行业的发展起到了重要作用，影响着相关政策和规划的制定。

这三个层面的机构相互合作，构成了英国综合而庞大的海洋与海岸带管理体系，为保护海洋资源、促进可持续发展以及协调海洋事务提供了全面而协调的管理架构。

1.2.3　加拿大的海洋规划历程

加拿大是海洋大国，三面环海，拥有 370 万 km² 的专属经济区，海岸线长达 24 万 km，占世界各国海岸线总长的 25%，为世界之最。加拿大海洋规划历程可以分为以下三个阶段。

1. 20 世纪 50—80 年代：致力于海洋环境保护

加拿大非常重视海洋环境的保护，政府在 20 世纪 50 年代就开始与地方政府合作，致力于水污染防治。1987 年制定了《多年海洋计划》；随后，在 1988 年政府颁布了《环境保护法》（*Canadian Environmental Protection Act*），标志着海洋环境保护成为加拿大法律的核心内容。

2. 20 世纪 90 年代到 21 世纪初：出台综合立法和战略规划

1997 年加拿大颁布《海洋法》（*Oceans Act*），该法将《联合国海洋法公约》（UNCLOS）赋予各国的权利，以国内法的形式具体化，使加拿大成为全球首个制定并实施全面性海洋法的国家。2002 年，加拿大渔业和海洋部颁布了《加拿大海洋战略》（*Canada's Oceans Strategy*），提出在海洋综合管理中坚持生态方法，坚持可持续发展原则，保护海洋生态环境、促进经济可持续发展和确保加拿大在海洋事务中的国际地位。

3. 21 世纪初至今：强化海洋综合管理和环境保护

2005 年，加拿大发布《海洋行动计划》（*Canada's Oceans Action Plan for Present and Future Generations*），强调通过海洋事务管理相关部门之间的协调与合作，开展海洋综合管理。同年发布的《联邦海洋保护区战略》（*Canada's Federal Marine Protected Areas Strategy*），是加拿大海洋发展的主要计划，用于改善海洋气候与海洋生态环境，由加拿大渔业和海洋部、环境部和公园局共同组织实施。2007 年，发布《健康海洋引导计划》；2008 年，制定了《东斯科舍大陆架战略规划》（*Eastern Scotian Shelf Integrated Ocean Management Plan - Strategic Plan*），这是加拿大第一份海洋综合管理规划。2009 年，发布《我们的海洋，我们的未来：联邦的计划和行动》（*Our Oceans，Our Future：Federal Programs and Activities*）。

在海洋立法方面，加拿大制定了一系列关键法律，其中包括《海洋法》《渔业法》《航海法（2001）》《通航水域保护法》《环境保护法》《国家海洋保护区法》以及《濒危物种法》等。加拿大渔业与海洋部批准的条例和法案也具有法律效力。与此同时，加拿大议会协同海洋与渔业部通过了十几部相关法案，包括《沿海渔业保护法》《领海和渔区法》《大西洋渔业管理区规定》《太平洋渔业规定》《沿海渔业管理规定》《200 海里专属渔业法》《北冰洋管理法》《大陆架法》《海洋倾废法》《防止油类污染法》等。此外，加拿大还签署了与海洋资源及产业有关的国际公约和协定，加上沿海各省市自行制定的涉海法律法规，加拿大构建了完整统一的海洋事务相关法律体系，涵盖了环境保护、资源管理、科研发展等多个方面的综合性框架，展现了加拿大对海洋的全面关注和在全球海洋管理和保护中承担的责任。

1.2.4　欧盟的海洋规划历程

欧洲地处两洋四海之间，与海洋息息相关。在欧盟的成员国中，23 个国家临海，沿海地区在欧盟总人口中占一半左右，其经济总量也占据欧盟近一半。海洋相关产业高度发达，使欧盟成为全球领先的海洋力量。

欧盟在海洋规划领域的法制历程经历了几个关键阶段。欧盟参与国际海洋事务始于 20 世纪 70 年代，当时欧洲经济共同体及成员国参与了第三次联合国海洋法会议，标志着欧盟在全球海洋事务中的积极参与。随后，欧盟于 2007 年 10 月发布了首份"海洋蓝皮书"——《欧盟综合性海洋政策》（*An Integrated Maritime Policy for the European Union*），该蓝皮书全面阐述了欧盟对于未来海洋利用和保护的愿景和规划，为欧盟在海洋领域制定战略奠定了基础。在首份蓝皮书基础上，欧盟于 2009 年 10 月发布了第二份"海洋蓝皮书"——《欧盟综合海洋政策的国际拓展》（*Developing the International Dimension of the Integrated Maritime Policy of the European Union*），进一步强调了欧盟在国际层面推动综合海洋政策的意愿和承诺。紧接着在 2016 年，欧盟发布了《国际海洋治理：我们海洋未来的议程》（*International Ocean Governance：An Agenda for the Future of Our Oceans*），该文件明确指出欧盟在全球海洋治理中担当的重要责任，扮演全球海洋资源利用者和可持续发展引领者的角色。

从参与国际海洋事务到引领全球海洋治理，欧盟的海洋战略跟随出台的政策和法案经历着演变。从 20 世纪 70 年代参与国际海洋法会议开始，欧盟成为《联合国海洋法公约》唯一的国际组织缔约方。2007 年和 2009 年发布的海洋蓝皮书标志着欧盟从区域海洋治理转向全球事务，并提出了积极投身全球海洋事务的战略目标。而在 2016 年相关法案发布后，欧盟旨在全球范围内发挥领导作用，通过建立伙伴关系促进多边和双边的海洋治理合作。

1.2.5　总结与借鉴

通过总结不同发达国家和联盟有关海洋规划的发展历程，可以看出其规划思路有许多共同点。美国、英国、加拿大和欧盟在海洋规划方面都通过建立相对完善的法律体系，以立法来规范海洋管理、环境保护和资源利用，体现了对海洋事务的法治化管理。而在规划时，这些国家和组织（联盟）都注重海洋观测和科研，通过建立海洋观测网络、科研计划等方式，加强对海洋环境和资源的监测、研究和管理，以科学为基础制定相应政策。同时，这些国家和组织（联盟）都采取了设立海洋保护区等措施，通过划定特定区域，保护海洋生态系统，维护生物多样性，以促进海洋资源的可持续利用。最后，与国际接轨是未来发展的主要趋势，欧盟、美国、英国和加拿大都积极参与国际海洋事务，签署了相关公约、协定，并在全球层面发挥重要作用，推动全球海洋治理和可持续发展。

我国在海洋规划中可以借鉴美国、英国、加拿大和欧盟的成功经验。一是建立完善的综合性海洋法律体系，包括环境保护、资源管理和科研发展等方面的法规和政策，以确保海洋领域的可持续发展。二是学习海洋空间规划的经验，强调陆海统筹，确保海域与陆域发展相互协调，避免资源和空间冲突。借鉴设立海洋保护区的做法，通过建立保护区域来维护海洋生态系统，保护生物多样性，确保可持续的海洋生态环境。三是制定适合自身情况的海洋经济发展战略，充分利用海洋资源，促进经济多元化。在规划时注重海洋科技创新，借鉴欧盟和美国的经验，依赖高新技术提高在海洋领域的竞争力。四是加强跨部门合作和综合管理，建立协调机构，实现各部门间的信息共享和协同行动，提高海洋资源管理的效率。五是在国际层面更积极参与海洋事务，发挥全球行为体的作用，促进多边和双边的海洋治理合作，共同应对全球性的海洋问题。

1.3　我国海洋规划的发展历程

1.3.1　我国海洋规划的发展历程

1. 20 世纪 50—80 年代：聚焦于海洋科学规划

在 20 世纪 50—80 年代的海洋初步发展阶段，我国通过一系列规划为海洋事业的起步和发展奠定了基础。1956 年发布的《1956—1967 年海洋科学发展远景规划》是我国第一个海洋科学发展规划。该规划提出了在海洋科学领域开展的十大重点课题，包括海洋地质、海洋物理、海洋化学、海洋生物、海洋气象、海洋工程、海洋资源、海洋环境、海洋法律和海洋管理。在海洋管理方面，该规划强调了海洋法律和海洋政策的研究，为我国海洋管理的法治化和规范化奠定了基础。

随后在 20 世纪 60—70 年代分别制定了《1963—1972 年海洋科学发展规划》和《1975—1985 年全国海水淡化科学技术发展规划》。前者是我国第二个海洋科学发展规划，该规划继承和发展了第一个规划的内容，同时增加了海洋遥感、海洋调查和海洋教育等方面的内容，提出了建立海洋科学研究体系的设想。在海洋管理方面，该规划提出了建立专门的海洋管理机构，开展海洋调查和监测，保护海洋环境和资源等措施，为中国海洋管理的初步建立和完善起到了积极的作用。后者是中国第一个专门针对海水淡化的科技发展规划，该规划分析了海水淡化的国内外现状和发展趋势，提出了海水淡化的目标、任务、重点和措施，包括开展海水淡化的基础研究、应用研究和试验示范，建立海水淡化的科技体系和产业体系，培养海水淡化的科技人才和管理人才等。在海洋管理方面，该规划指出了海水淡化的重要性和紧迫性，为中国海洋管理的可持续发展提供了新的思路和方向。

在海洋规划起步阶段，主导思路侧重于促进海洋科学的发展，通过海洋调查和监测，实现对海洋资源的初步认知和管理。此时用海规模相对较小，用海类型较为有限，用海效率相对较低，因此用海冲突也较为有限。

2. 20 世纪 90 年代：侧重海洋开发和环境保护规划

20 世纪 90 年代，随着社会经济的发展，我国进入海洋规划快速发展阶段，用海思路转向以海洋资源的开发为主导。在这一时期，国家的重点放在海洋经济建设上，强调海洋科技创新的支撑作用，同时注重海洋生态保护，将海洋权益的维护作为基本保障。这一阶段的用海规模显著增大，用海类型也更为多样化，用海效率相对提高，用海冲突也大大增加，管理面临的挑战也相应上升。

1990 年，国家计委组织编写了《全国国土总体规划纲要（草案）》，将国家海洋局组织完成的"海岸带和海洋资源开发利用规划设想"作为其中一个章节，这是首次将海洋规划内容纳入全国的国土总体规划中。1991 年，国家计委和国家海洋局共同组织开展了《全国海洋开发规划》的编制工作，该文件于 1994 年正式发布，将全国的海洋开发工作分为近期、中期和远期三个阶段实施。该规划是我国第一个具有全局性和战略性的海洋规划，标志着我国海洋规划工作的正式开启，也是我国海洋事业发展的重要里程碑。随后，《90 年代我国海洋政策

和工作纲要》（1991 年）、《海洋技术政策（蓝皮书）》（1993 年）、《中国海洋 21
世纪议程》（1996 年），以及《全国海洋环保"九五"（1996—2000 年）计划和
2010 年长远规划》和《"九五"（1996—2000 年）和 2010 年全国科技兴海实施
纲要》（1996 年）等海洋规划相继出台。

3. 21 世纪 00—10 年代：多层次、多类型的海洋规划出台

在这一时期，我国的海洋事业加速发展，海洋总体规划和专项规划大量出
台，国务院多次印发或批复各类海洋规划，将海洋规划纳入国家重点领域专项
规划范畴，彰显了对海洋事业的高度重视。这一时期用海思路发生深刻转变，
不再局限于简单的保护，而是以科学的海洋生态文明理念为前提，通过加强国
际合作，实现海洋资源的合理配置和科学利用。这一阶段海洋规划的主要特点
包括：一是海洋规划的数量大幅增加，涵盖了海洋经济、海洋资源、海洋环境、
海洋科技、海洋管理、海洋安全等多个领域，形成了一个较为完整的海洋规划
体系。二是海洋规划的类型更加多样，除了继续制定海洋总体规划和海洋专项
规划外，还增加了海洋区域规划、海洋功能区规划、海洋空间规划、海洋生态
红线规划、海洋经济发展规划等新的规划类型，丰富了海洋规划的内容和形式。
三是海洋规划的层次更加明确，按照国家、省、市、县四级行政区划和海域划
分，建立了相对统一的海洋规划编制和实施体系，实现了海洋规划的垂直衔接
和水平协调。四是海洋规划的内容更加科学，注重运用海洋科学技术和海洋信
息化手段，提高海洋规划的数据质量和分析能力，强调海洋规划的可操作性和
可执行性，增强海洋规划的指导性和约束性。

2002 年，国务院正式批准《全国海洋功能区划》，将其作为贯彻《中华人
民共和国海域使用管理法》的一项重要制度。同时沿海省市也开始编制沿海
省、市、县三级海洋功能区划，至此海洋功能区划制度正式确立。2003 年，
国务院正式批准实施《全国海洋经济发展规划纲要》。同期，国家发展改革委
和国家海洋局联合成立全国海洋规划办公室统筹协调沿海地区海洋经济发展规
划的编制和实施工作，沿海省级海洋经济规划工作全面开展。2008 年，国家
发展改革委和国家海洋局联合编制的《国家海洋事业发展规划纲要》经国务院
批复正式实施，这是第一个由国家批准的海洋领域总体规划，对于促进海洋事
业各方面快速发展具有重要意义，从此我国海洋规划进入了全新的发展阶段。
2010 年 7 月，国务院批准将山东、浙江和广东三个省份确定为我国海洋经济
发展的试点地区，这标志着国家把海洋工作和沿海地区的经济社会发展统筹

考虑纳入国家层面研究和重点部署。此外,《渤海环境保护总体规划（2008—2020 年）》《全国科技兴海规划纲要（2008—2015 年）》,以及全国海洋经济发展若干个五年规划等多部专项规划出台,对海洋资源开发利用、重点海域环境保护、海洋科学技术发展、海洋经济发展等多个重点领域海洋工作进行了细化和专门部署。

2012 年,国务院批准实施新一轮《全国海洋功能区划（2011—2020 年）》,以分区管控的方式科学合理开发和保护海洋资源。同年,批准实施《全国海岛保护规划》,对海岛及其周边海域生态系统进行保护,合理开发利用海岛资源,维护了国家海洋权益,促进了海岛地区经济社会可持续发展。2015 年,国务院印发《全国海洋主体功能区规划》,根据不同海域资源环境承载能力合理确定不同海域主体功能,科学谋划海洋开发,将我国内水和领海海域划分为优化开发区域、重点开发区域、限制开发区域和禁止开发区域,海洋主体功能区划是海洋空间规划体系中的核心,起到总体纲领的作用。

4. 21 世纪 10 年代末至今:探索新的海洋规划体系构建

2019 年,中共中央、国务院印发《关于建立国土空间规划体系并监督实施的若干意见》,开启新一轮国土空间规划体系改革,将主体功能区规划、土地利用规划、城乡规划等空间规划融合为统一的国土空间规划,实现“多规合一”,强化国土空间规划对各专项规划的指导约束作用。国土空间规划范围扩展到全域全要素,覆盖陆海两域,海洋规划成为国土空间规划的重要内容。在体系构建方面提出了“五级三类”的规划体系。“五级”对应我国的行政管理体系,就是国家级、省级、市级、县级、乡镇级,“三类”是从规划内容上把国土空间规划分为总体规划、详细规划和相关的专项规划三种类型。其中,海岸带规划和相关涉海规划被划入到专项规划类型,对总体规划进行有效支撑和细化。

2019 年,自然资源部开始编制全国海岸带综合保护与利用规划,将其作为新一轮国土空间规划体系改革后的专项规划,这是国土空间规划在海岸带区域针对特定问题的细化、深化和补充。同时,要求沿海各省编制省级海岸带规划,对全国海岸带规划相关要求进行落实,对省级国土空间总体规划进行补充与细化,统筹安排海岸带保护与开发活动,有效传导到下位总体规划和详细规划。

总体规划强调“三区三线”的划定,“三区”指农业空间、生态空间、城镇空间三个区域,“三线”对应“三区”分别是耕地和永久基本农田保护红线、城镇开发边界、生态保护红线三条控制线。2023 年，自然资源部结合《全国国土空间规划纲要（2021—2035 年）》编制工作，完成了全国海洋生态保护红线划定，划定面积不低于 15 万 km²，覆盖了绝大多数重要湿地、珊瑚礁、红树林、海草床等重要生态系统，以及绝大多数未开发利用无居民海岛。

新的国土空间规划体系构建后，国家和地方都在进行积极探索，不断丰富规划体系的内容，各类规划的编制方法、编制内容、技术标准和指南也在不断完善。同时，在国土空间规划体系之外，部分省市也在开展海洋战略规划和海洋发展类规划的编制，在国土空间规划体系框架的基础上探索海洋规划体系的构建，海洋规划迎来了新的发展阶段。

1.3.2 我国海洋规划进程中的问题

1. 用海思路方面

我国长期以来在城市化发展中强调陆地利用，对海洋关注不足，对海洋资源的认知较为薄弱。城市化进程中，海洋往往被视为辅助性资源而非核心发展领域，因此在用海思路方面我国存在着许多的问题。首先，用海理念落后，缺乏对海洋发展的战略性认识，未能充分认识到海洋连通世界作为全球联系纽带的重要性和海洋文明对国家转型发展的重要性。其次，用海方式过于单一，早期主要依赖填海造地，导致生态环境破坏；禁止围填海后用海主要受近期项目影响，以单一项目需求划定用海范围，忽视了海洋空间的立体和多功能利用，容易导致资源浪费。最后，缺乏明确的用海目标也使得海洋发展的定位和方向难以明晰，最终导致用海行为无序，包括规模过大、效率低下、冲突频发等问题，影响了海洋经济的可持续发展和海洋权益的维护。

为解决这些问题，首先要树立海洋意识，提高国民海洋文化素养，形成以海洋为主体的用海理念。其次推进海洋立体利用，开发新的海洋空间，实现节约集约的海洋空间利用方式。最后要明确海洋的定位，制定科学合理的用海规划和政策。同时，规范海洋行为，建立健全的用海监测、评价、审批和监督制度，保障用海秩序。

2. 规划体系方面

在规划体系方面，我国面临海洋规划体系不完善的问题。海域规划与陆域存在明显的差异，陆域规划在多年的发展过程中借鉴国际上成熟的经验已经形成了一套相对完整的规划体系，编制技术方法成熟，规划管理方面采用先审批后进行土地出让开发的方式，形成了较为完善的层层递进的管控体系。与之不同的是，此前的海域规划主要集中在海洋功能区划和行业规范管理，缺乏顶层设计，未形成统一的海洋规划体系，存在规划之间的衔接和协调不足，以及规划的重复和冲突等问题。此外，海洋规划的内容不够全面且较为粗放，规划时未能充分考虑海洋的流动性、复杂性和多样性，缺乏对生态、经济、社会、安全等多方面因素的综合平衡。再者，海洋规划的编制方法不够先进，规划中缺乏创新性，未能充分运用现代科技手段，导致规划的科学性和可操作性不强。最后，在海洋的规划实施方面同样存在问题，缺乏健全的执行、监督、评估、调整机制，以及与法律、政策、市场、社会等的有效衔接。

3. 海洋管理方面

海洋管理方面，一是存在管理体制不健全的问题，主要表现在涉海管理部门众多，事权划分不够明晰，未形成有效的海洋管理体制，导致管理的分散和重叠，同时存在管理的空白和冲突。二是管理法规不完善，缺乏法治保障，海洋管理法规体系不健全，存在法律漏洞和冲突。三是管理能力方面存在短板，缺乏专业人才，技术水平不高，管理效率低下。四是管理方式也未能适应变化要求。海洋管理目前以国家及省政府为主导，事权较为集中在上层政府，呈现出一种自上而下的垂直管理格局，这使得地方层面在管理中的作用相对有限，难以灵活应对复杂多变的地方海洋事务。五是缺乏创新思维，存在管理模式单一、僵化和固化的问题。同样，管理方面的分散性导致了各级管理机构之间的协同不足，影响了管理效率。

为了更好地应对这一问题，首先，需要在管理机构之间建立更加紧密的合作机制，完善管理体制，建立跨部门的海洋管理协调机构，实现垂直统一和水平协作。同时应重视地方政府在海洋管理中的作用，赋予其更多的自主权和事权，以实现更加灵活和适应性强的管理模式。其次，健全管理法规，制定和修改重要法律，形成法律完备和协调的管理法规体系。再次，提升管理能力，加强科研支持，提高对海洋环境、资源等方面的了解，培养专业人才来建立评估机制，对用海思路、规划体系和海洋管理的效果进行评估，以提高管理的专业性和高效性。最后，适应管理方式，加强国际合作，吸取国际经验，并促进公众对海洋事务的了解和参与，形成全社会的海洋意识。这能更好地引入创新思维，建立灵活的管理方式，以实现管理的先进和灵活。

1.3.3 我国海洋规划体系的构建

1. 出台相关立法是前提

在海洋规划体系的建设中，出台相关立法是不可或缺的前提。随着用海思维的变化与发展，缺乏相关的法律支持将导致规划的不完善和不科学。因此，完善海洋规划体系应该始于相关立法的出台，这些法规应当明确定义用海的基本原则、程序和标准，以引导规划的编制，为海洋规划提供明确的法律依据，确保规划的科学性和合法性。

在立法时随着用海思维的变化和发展，相关的法律法规也需要与时俱进。这意味着在立法时应该具备足够的灵活性，以适应不断演变的海洋事务和新兴的规划理念。这样，海洋规划体系才可以更好地反映社会、经济和环境的变化，更有效地应对不断变化的海域管理需求。

在出台了相关立法后，海洋规划体系还需要对管理体系进行相应整合，为规划的落地实施提供有力的保障。整合管理体系应当涵盖规划的制定、实施、监测和调整等各个环节，确保规划不仅是一纸文件，而是一个可操作且可持续的战略指南。只有通过法制的规范和管理的整合，才能真正实现规划的有效执行，推动海洋事务朝着更加科学和可持续的方向发展。

2. 丰富规划体系是关键

在海洋规划中，丰富规划体系是关键。现状我国海洋规划并未形成明显的规划体系，涉海的各行业主管部门按管理需求分头编制各行业的专项规划，各类规划之间缺乏协调，往往造成规划重叠和功能冲突。海洋专项规划、海洋空间规划和海洋发展规划相互之间是一个什么样的关系也并未明确。

从国家层面来看，海洋空间规划的体系相对成熟，规划层级构成与海洋空间治理组织系统形成相对较好的对应关系，依据现有海洋治理层级和国家空间规划层级要求，实行三级代理行使权责的体制，形成海洋空间规划控制序列。国家以海洋主体功能区规划为主，制定重大发展战略和空间约束指标，并以战略决策为主；省级以海洋功能区划为主，根据海域的地理位置、自然资源状况、自然环境条件和社会需求等因素划分不同的海洋功能类型区，用来指导、约束海洋开发利用实践活动，保证海上开发的经济、环境和社会效益。省级海洋功能区划对上落实国家战略约束指标，对下对沿海市县提出海域管控要求，起到承上启下的作用；市县为执行落实者，海洋空间规划颗粒度应进一步细化，强调规划的综合性和实施性，以实现海洋生态的科学保护和海域空间的精细化利用，注重海洋公共资源的空间和时间安排，保障上级规划目标的落实，形成国家、省、市县三级规划。市县级海洋空间规划主要有市县级海洋功能区划、海岸带规划和海岛保护规划。市县级海洋功能区划是对省级海洋功能区划的细化，满足市县对海域更加精细化的利用要求。海岸带规划针对陆海相交的敏感区域，是为了更细致地考虑陆海交汇带的独特性，并且可以确保海洋与陆地之间的协调和一体化发展，包括了海岸带的生态平衡、文化传承和经济增长的统一。通过规划海岸带，可以更好地平衡沿海地区的生态环境和社会经济发展，推动海洋规划体系朝着更为细致和全面的方向发展。海岛保护规划是对单岛的保护和利用规划，规划既要重视海岛的生态价值保护生态环境，也要因地制宜节约资源提升海岛的利用效率。在具体的保护和利用空间布局上，一是划定岛陆空间功能布局，加强岛陆空间保护和合理利用，将岛陆空间划分为严格保护区域、限制利用区域和适度开发区域。二是明确海岛岸线管控布局，将海岛岸线划分为严格保护岸线、适度开发岸线和限制利用岸线，并明确各类岸线的保护与开发利用要求。三是落实周边海域管控布局，衔接相关规划划定海洋生态保护红线海域和开发利用海域，并提出明确的管控要求。

当前，新的国土空间规划体系改革打破了原有的海洋空间规划体系，废除了海洋主体功能区划和海洋功能区划，新的海洋空间规划体系需要按照国土空间规划"五级三类"的框架进行搭建，并探索建立清晰的逐级传导机制。除了空间规划体系之外，还需将各部门编制的战略规划、专项规划整合进规划体系之中，形成综合的、整体的、具有战略引领性和规划实施性的海洋规划体系，这需要国家和地方进行积极的探索。

3. 完善海洋管理是保障

1）1949 年到 20 世纪 60 年代中期

我国的海洋管理主要以海防建设为中心，兼顾渔业、交通等开发建设为主的海洋行业管理。这一时期的用海思路主要侧重于维护国家安全，海洋资源的开发重点是满足国防和经济建设的需要。海洋管理以满足军事需求为主，其基础工作包括海防建设、军事斗争准备等，而海洋资源的合理开发则是服务于这一目标。

2）20 世纪 60 年代中期到 20 世纪 90 年代初期

国家海洋局成立后，海洋管理仍以军事准备和行业管理为主。但是管理的基础工作逐渐包含了更多的领域，如海洋调查、科研、观测预报等，使海洋管理逐步多元化。这一时期管理领域的扩大标志着国家对海洋管理进行了更多的思考，开始注重海洋资源的科学研究和环境的观测监测。整体的用海思路除了满足军事需求和基础设施建设外，逐渐转向对海洋资源、生态环境的全面认识。这为后续的海洋管理转型打下了基础，为综合性的海洋管理体系的建立奠定了初步基础。

3）20世纪90年代初到20世纪末

我国进入了海洋综合管理的初创时期。在这一阶段，国家逐渐认识到海洋资源的有限性和生态系统的脆弱性，开始将海洋管理从单一的行业管理转变为综合管理。这一阶段涌现了一系列关于海洋环境保护、资源可持续利用的政策和法规，标志着我国对海洋管理进行全面思考的起点。

4）21世纪初到党的十八大召开

我国海洋管理进入了全面发展的时期。国家海洋局逐渐成为主导综合管理的机构，逐步建立了跨部门合作的机制，形成了全方位、多层次、立体化的海洋管理体系。重视科技创新和海洋科研，推动了海洋观测预报等基础工作的不断提升。党的十八大召开后，我国海洋综合管理进入了新时期。在国家治理体系和治理能力现代化的背景下，我国提出了生态文明建设、海洋强国建设等战略，使得海洋综合管理更加注重生态系统的保护和可持续发展。陆海统筹的理念逐渐深入，强调海洋管理要与陆地管理相协调，形成全域海洋管理的格局。

5）21世纪10年代末至今

2018年，国务院机构改革后，国家海洋局并入自然资源部，强调统一行使全民所有自然资源资产所有者职责，解决自然资源所有者不到位、空间规划重叠等问题，最新形式的海洋管理体现为陆海统筹阶段，强调海洋管理与陆地管理的协同推进。这包括细化海域规划、强化生态环境监管、推动海洋科技创新等方面的举措。

展望未来，要形成较为完善的海洋管理模式，可在国际经验的基础上，进一步推动科技创新，深化跨部门合作机制，建设综合管理平台，加强公众参与，形成更为灵活、科学、可持续的海洋管理模式。这将有助于更好地实现海洋资源的可持续利用和生态环境的保护，推动我国海洋事业走向更加繁荣和可持续的发展轨道。

1.4　国内外海洋空间类规划经验

1.4.1　国内外海岸带规划

1. 国外海岸带规划

在 20 世纪 50 年代，西方国家开始对海岸带区域进行深入研究，并通过法律法规对岸线建设和海岸防护进行规范。这一时期，对海岸带的关注逐渐上升，以应对人类活动对这一区域的影响。1972 年，美国颁布了世界上第一部综合性的海岸带管理法规——《海岸带管理法》（CZMA），这标志着现代海岸带综合管理的开端。1992 年，联合国环境与发展会议批准的《21 世纪议程》正式提出了海岸带综合管理的概念与框架，沿海国家同时承诺对其管辖的沿海及海洋环境进行综合管理和可持续发展。此后，海岸带综合管理成为世界各国广泛接受的海岸带管理理念和方法，各国也相继开展了本国海岸带区域的综合管理，制定了适合本国国情的海岸带空间规划。这些规划不仅有助于确保海岸带生态环境的可持续性，还为社会经济的健康发展提供了有力支持。

美国的海岸带规划注重整合目标导向与问题导向，形成了一套综合性的规划编制体系。该体系旨在既充分利用现有理论和技术，又针对美国海岸带面临的具体问题提出切实可行的规划准则。首先，美国海岸带规划以生态保护、资源利用和公众接近等方面为目标，为规划制定提供了明确的方向。强调生态保护体现了对海岸生态系统的重视，旨在确保在发展中最大限度地减少对自然环境的负面影响。同时，规划还关注资源的可持续利用和公众的参与，以促进海岸带区域的可持续发展。其次，美国海岸带发展中突出的环境污染、人口增长、生态恶化和灾害侵袭等问题被纳入规划编制的重要考虑因素。规划要求在保护生态环境的同时，应对这些问题提出切实有效的解决方案。具体包括对海岸带资源与生境的全面保护、适应环境压力的措施、引导开发利用的方向以及应对各类特征问题的策略四个方面。这种目标导向与问题导向相结合的规划编制方式，使美国海岸带规划更具实效性和可操作性，能够更好地适应多变的海岸带环境，为海岸带的可持续发展提供了科学的指导。

欧洲在海岸带规划方面着重制定适用于各国的普适行为准则。由于欧洲拥有较长的海岸线，并涵盖众多国家，每个国家的海岸带条件和管理政策存在显著差异。面对如此多元的情境，欧洲通过制定《海岸带行为准则》的方式，旨在为各国提供一套基本价值观和普适性原则，以引导海岸带规划的制定和实施。

准则中强调了两个关键的原则，即"生态优先"和"维护公众利益"。首先，通过将"生态优先"作为基本原则，欧洲强调在海岸带规划中应优先考虑生态环境的保护。这体现了对海岸生态系统的重视，强调在发展中要确保对自然环境的最小干扰，以维护生态平衡和生物多样性。其次，强调"维护公众利益"意味着在规划中要优先考虑和满足公众的需求和权益。这一原则体现了对社会可持续发展的承诺，规划中的各项决策应当符合公众利益，确保社会的参与和受益。欧洲的这一规划方法通过提供通用性的行为准则，旨在促进各国在制定海岸带规划时更好地平衡生态保护和社会经济发展之间的关系。

法国政府将海岸带规划定名为"海岸带空间计划"，其核心目标在于确保海岸带资源的可持续开发和自然空间的合理利用。这一规划一般包含三个主要方面：一是海洋开发的基本计划，其中包括普适性的规划导则，旨在为整个海岸带的开发提供基础性的原则和方向。这有助于确保各项活动在整体层面上符合可持续性和协调性的要求。二是土地利用计划，这是海岸带政策的主要空间载体。通过制定具体的土地利用规划，实现对海岸带资源的科学管理和合理配置。一方面有助于防范资源冲突，另一方面确保海岸带的自然环境得以保护。三是海岸城市建设的基本计划，这相当于对重点地区进行的管控。法国通过强调城市空间的管控，试图通过陆域规划手段协调海域利用功能，实现城市和海岸带的可持续发展。总体而言，法国的海岸带规划以城市空间的管控为侧重，通过细化的规划手段来平衡陆域与海域的关系，以实现资源的科学开发和生态环境的可持续保护。

英国作为最早开展海洋资源利用的国家之一，在海岸带综合管理方面有着丰富的经验。英国于2009年批准颁布了《海洋与海岸带准入法》，该法的主要目标是建立一套更加协调的法律体系，保障资源合理利用，协调海岸带开发与保护的矛盾。2013年，相关部门基于《海洋与海岸带准入法》，制定并签署了《英格兰海岸带协议》。协议要求相关部门开展海岸带项目审批时，管理机构须确保项目符合沿海地区各类空间规划。英国海岸带地区空间规划包括海洋和陆地两类主要规划，以及流域管理规划、自然美景区管理规划等专项规划。在规划编制过程中，英国政府高度重视各类规划的协调，并提出了包括陆海规划政策融合、陆海规划协调的具体流程和建议等一系列落实陆海统筹的要求，从源头避免了规划"打架"的矛盾，进而减少了规划实施难、项目落地难等情况的发生。

综合来看，国际上对海岸带规划体系的分析主要集中在三个关键方面。首先，关注生态资源和公众利益的保护，各国在海岸带规划中普遍强调对丰富的生态资源的保护，同时注重维护公众利益。这体现在规划中采取的生态优先原则，以确保海岸带自然环境的稳定和生态系统的可持续发展，同时满足公众的休闲需求。其次，强调合理引导海岸带各项开发建设活动。由于海岸带资源有限，国际规划倾向于明确开发利用的规模、强度和布局。这一举措旨在提升海岸带空间的效能，通过科学的规划来引导开发活动，加强环境影响控制，确保开发利用与生态保护的平衡。最后，对于较大海岸带空间尺度，国际上认为规划面临更为复杂的情况，因此需要实施分岸段管制和对重点地区的特殊管制。这种差异化的管制策略有助于更精准地应对不同区域的特殊性和需求，确保规划的实施更具实效性和适应性。总体而言，国际海岸带规划的关注点在于综合考虑生态、社会、经济等多重因素，通过科学合理的规划手段，实现保护生态环境、促进可持续发展的目标。

2. 国内海岸带规划

"十二五"之后，我国沿海省份如江苏、辽宁、河北、福建、山东等地陆续探索开展海岸带规划的编制，并将其纳入国家战略的重要组成部分。2007年印发的《山东省海岸带规划》是国内首个省级海岸带规划，对陆域地区的开发建设进行空间管制指引，这标志着我国在海岸线的规划和管理上取得了新的进展。

在沿海城市规划建设中，海岸带地区充当着城市发展的关键支撑点，同时也是实现海陆统筹、海陆一体化发展的实践平台。海陆一体化的概念涵盖了多个方面，包括海陆资源开发一体化、海陆产业发展一体化、海陆环境治理一体化以及海陆开发管理体制一体化等层面。这意味着在海岸带规划中，需要充分考虑海陆交通衔接、海陆产业布局、海陆生态系统、海陆统筹管理等重要因素。随着对海岸带资源开发的不断深入，城市海岸带地区相关规划和研究工作呈现出愈发多样化和深入的趋势。一些地市级别的规划也开始相继问世，例如青岛、烟台、威海、日照等城市都编制了相应的海岸带规划。这些规划在更贴近地方实际情况的同时，也有助于推动区域内海岸带资源的充分利用和有效管理。

在实施海岸带规划时，必须坚持因地制宜的原则，根据各城市发展的独特特点，有针对性地解决城市海岸带地区的主要问题和矛盾。这要求制定切实可行的技术路线和研究路径，以确保规划的实施能够在实际操作中取得良好效果。

研究内容必须具有地域特点，考虑到城市海岸带的独特地理环境、资源分布和社会经济状况，以便更好地满足当地的发展需求。例如《烟台市海洋与海岸带专项规划》以可持续发展为核心，从海岸带地区解析入手，系统地分析了海岸保护与利用模式，构建了保护、利用、特色"三位一体"的海岸带保护与开发利用模式（图1-1）。同时，从管制政策和管制规划两个方面提出了丰富的海岸带规划内容。在空间管制政策层面，明确了海岸带资源保护政策、产业发展政策、景观岸段分级政策、环境污染控制政策、交通政策、公众接近政策等方面的具体内容。这些政策旨在全面推动海岸带的可持续发展，涵盖了资源、产业、景观、环境、交通和公众互动等多个方面。而在空间管制规划方面，规划进一步细化了海岸带空间资源分类管制、分段保护管制指引、分岸段管制细则等具体措施。通过这些规划，烟台市明确了对不同区域的不同管制策略，以实现对海岸带资源的更加精准和有序的管理。

山东省沿海城市的海岸带规划为广东、福建等其他沿海发达地区的海岸带规划提供了积极的示范意义。在其他地区，如惠州市也对海岸带规划进行了积极而有益的探索（图1-2）。《惠州市海岸带保护与利用规划》一方面注重对海岸带自然生态环境的保护，着重维护河口湿地、沿海防护林以及滩涂生态系统的安全，积极推进近海污染防治与开发管制，旨在确保海岸带的生态底线不受损害；另一方面在经济发展中强调充分发挥海岸带的休闲服务功能，通过合理开发和利用滨海旅游资源，促进现代旅游业的新业态发展，打造具有滨海特色的休闲旅游目的地和滨海休闲度假旅游带。加强对海岸带的陆海空间利用的统筹，明确陆海两域使用功能，协调岸线上的生产和生活分工，以保证海陆生产、生活空间的稳定格局。此外，为了确保规划的有序实施，惠州市海岸带还通过提升管理水平，加强对不同规划的整合，实现多规合一，指导海岸带的有序建设。

总体而言，海岸带规划应该是一项全面、系统、可持续的工程，通过合理的安排和科学的管理，推动城市海岸带地区实现经济、社会和生态的协同发展。因此，在规划编制和实施过程中，需要不断总结经验，吸取教训，以适应不断变化的城市发展环境，推动海岸带规划事业不断迈向新的高度。

1.4.2 国内外海洋空间规划

英国在海洋空间规划方面进行了积极的探索，2006年公布《英国海洋空间规划——爱尔兰海试点规划》，2008年编制《莱姆湾海洋规划》，2010年苏格兰

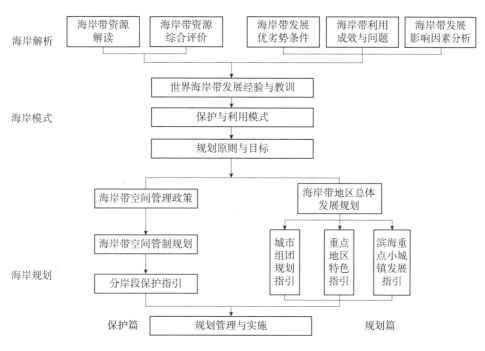

图1-1　烟台市海岸带规划技术路线

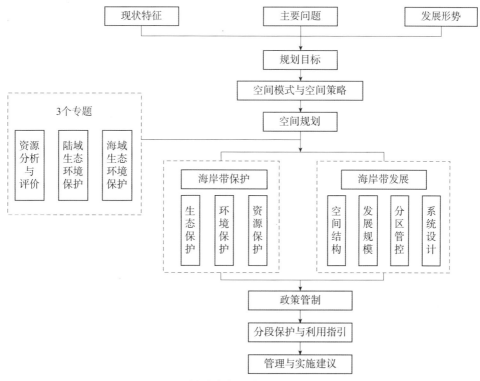

图1-2　惠州市海岸保护与利用规划技术路线

编制完成《克莱德湾海洋空间规划》，2012 年完成《马恩岛海洋空间规划》和《舍特兰岛海洋空间规划》，2014 年英格兰编制完成《英格兰东部近海和远海规划》，2015 年苏格兰完成《苏格兰海洋规划》，2016 年完成《彭特兰和奥克尼群岛海洋空间规划》和《英格兰南部海洋空间规划》。其中，《英格兰东部近海和远海规划》是较为重要的规划，东部海域是英格兰海洋活动种类和数量最多的海域，对英格兰经济发展和环境保护具有重要意义。东部海域海岸带的旅游和休闲用海项目众多，是海岸带地区经济发展的重要支柱。渔业、海底泥沙采集、航运、油气开采和海上风电等众多用海部门聚集在东部海域。规划的核心内容是根据海域的本底条件和资源承载能力制定各涉海部门、行业和事务的具体规划政策，这些规划政策是海洋空间规划得以实施和生效的具体措施，同时为用海许可证的发放和其他海洋管理决策提供最直接的政策依据。规划共包含 38 个规划政策分区，涵盖的内容包括：海沙矿产开采（AGG1、AGG2、AGG3）、水产养殖（AQ1）、生物多样性保护（BIO1、BIO2）、海底电缆铺设（CAB1）、气候变化应对（CC1、CC2）、碳捕获和储存（CCS1、CCS2）、海洋疏浚和废物处置（DD1）、国防（DEF1）、经济发展（EC1、EC2、EC3）、生态环境保护（ECO1、ECO2）、渔业发展（FISH1、FISH2）、海洋治理（GOV1、GOV2、GOV3）、海洋保护区建设（MPA1）、海洋油气开采（OG1、OG2）、港口和运输发展（PS1、PS2、PS3）、社会和文化发展（SOC1、SOC2、SOC3）、潮汐能和波浪能开发（TIDE1）、旅游休闲（TR1、TR2、TR3）以及远海风电开发（WIND1、WIND2）。

英国的海洋空间规划具有以下特点：一是对于生态发展与韧性发展的重视。基于生态系统的指导思想是英国海洋空间规划的内核，在英国的各级海洋空间规划中需要明确指出提升生态系统的健康程度、恢复力以及对可持续发展的支持能力。二是注重气候环境对海洋造成的影响。气候是影响海洋特征与海洋生态的重要因素，在编制其海洋空间规划时，英国将气候变化所造成的影响纳入考虑并提出相应的应对机制与方案，减轻气候变化不确定性带来的负面影响。三是利用数字化与信息化管理方式。通过建立并完善海洋资料库，英国能够快捷地获取并利用有助于海洋空间规划开展且多样的最新海洋信息，为海洋空间规划的科学性与准确性提供保证。四是法律与政策的强有力支持。英国通过庞大、复杂且交叉的法律系统来限定国内各类海洋活动，根据用途可分为渔业方面的法律、油气勘查和开采方面的法律、与皇室地产有关的法律、与海洋规划有关的法律等。除了国会颁布的法律外，地方政府也会颁布相关法律，而地方的法律则更加注重保护其地方权益。五是良好的公众参与以及规划实施反馈。公众可以通过海洋信息系统、交互式海洋规划工具、可访问式地图查看器等工具参与至海洋空间规划的过程中，官方在为利益相关者参与提供渠道的同时，能够积极在规定时限内对规划的内容做出修改或其他形式反馈。

美国政府从立法和政策支持角度奠定了海洋空间规划基础。当前，美国较为重要的海洋空间规划有 2009 年发布的《有效海岸带和海洋空间规划临时框架》以及 2010 年发布的《国家海洋政策》，其中《国家海洋政策》正式提出了海岸带与海洋空间规划的具体管理手段。从规划行政层级划分来看，美国的海洋空间规划可以分为国家、区域、州三个层级，通过采取"大海洋生态系统"的区域管理方式，将国家划分九个规划分区（包括五大湖区），各规划分区由联邦、州和部落等组成规划机构。联邦政府在遵循《国家海洋政策》所提出的目标和原则下制定规划分区的区域性目标，协调各州的海洋空间需求和规划，以达到全面整体推动区域发展的目的。各州在联邦政府和区域的相关规划及规定的框架下，根据当地实际需求自行编制海洋空间规划。目前美国州级层面实施的规划有《罗德岛特殊海域管理规划》《俄勒冈州领海（管辖领海）规划》《马萨诸塞州海洋管理规划》《美国东北部、大西洋中部（包括专属经济区和州管辖外领海）海洋空间规划》《华盛顿州海洋空间规划》《纽约州海洋行动计划 2017—2027》等。

比利时是最早进行海域综合管理并编制与实施海洋空间规划的国家之一。尽管比利时管辖的海域面积较小，但其海域面临着高强度的多种海洋资源开发利用活动，这种现实情况的迫切性推动了比利时海洋空间规划的实现。1999 年，《海洋环境法》首次提出海洋空间规划的概念；2003 年首次编制的《比利时北海总体规划》对相关海洋活动进行了规划，并特别为海洋可再生能源设立了发展区域；随后几年，海洋空间规划成为欧洲海洋管理议程上的重要项目；2008 年，欧盟委员会发布的《海洋空间规划路线图》（*Roadmap for Maritime Spatial Planning*：*Achieving Common Principles in the EU*）促进了比利时海洋空间规划的发展和完善；2012 年，比利时皇家法令规定设立咨询委员会并且在北海比利时区域开展海洋空间规划，使得比利时的海洋空间规划具备法律效力。可以发现，经过十几年的探索和努力，比利时在海洋空间规划上取得了一定的成绩。比利时的海洋空间规划基于生态系统的方法来平衡海洋环境保护和人类开发活动之间的矛盾，并在规划过程中特别考虑了未来用海活动及各类不同用海活动的兼容性。在涉及利益相关者的规划参与过程中，通过部门、公众、国际等多主体磋商，实现了多角度跨界思维利益协调，确保海洋空间规划能够尽可能满足各方需求。

通过总结这些发达国家的海洋空间规划理论成果和实践经验，我国可以从中汲取经验教训。在国内的海洋空间规划工作中，可以学习借鉴国际海洋空间规划的理论体系、实施框架及方法体系。特别需要注重生态系统的适宜性评价，应用空间信息技术叠加多种图谱进行情景分析，制定清晰的空间指引。这样的方法可以更好地平衡海域资源的开发利用与环境保护之间的关系，使得海域利用更加科学、更加可持续。

在国内，在城市层面开展的与欧美国家对应的海洋空间规划主要为海洋功能区划。海洋功能区划是指按照海域的自然地理位置、资源状况、环境约束和社会发展需求等要素划定各类不同的海洋功能类型区，用来指导、约束人类在海上的开发利用实践活动，保证和提升海洋开发的经济、环境和社会效益。我国海洋功能区划进行了四次相对较大的发展变革。第一次是20世纪80年代末，海洋功能区划使用小比例尺和"五级三类"分类体系。第二次是20世纪90年代末，海洋功能区划开始向大比例尺转变，使用"五级四类"分类体系，"五级"分别为开发利用区、整治利用区、海洋保护区、特殊功能区、保留区，"四类"分别为大类、子类、亚类、种类。进入21世纪，海洋事业快速发展，新兴海洋产业的发展需求促使新的海洋功能区划出台。第三次是2002年，此时海洋功能区划使用"十级二类"分类体系。第四次是2012年，此时海洋功能区划使用"八级二类"分类体系。

我国沿海城市，如深圳、青岛、广州、宁波、厦门等都相继编制了市级海洋功能区划。如广州在2017年发布了《广州市海洋功能区划（2013—2020年）》，该区划结合广州市海域自然条件、开发保护现状和社会经济用海需求，将广州市海域划定一级类海洋基本功能区四类，分别为港口航运区、旅游休闲娱乐区、海洋保护区和保留区；其中，港口航运区、旅游休闲娱乐区、海洋保护区进一步划分二级类，共划分6个二级类海洋基本功能区；保留区按地理位置不同，划分为3个一级类海洋基本功能区。共划定9个海洋基本功能区，其中海岸基本功能区8个，近海基本功能区1个。在总体布局方面，广州提出以龙穴岛港口航运区、南沙港口航运区、黄埔港口航运区为龙头，发展海上交通运输、临港工业和物流业，形成海洋产业集群。广州还将整合现有滨海旅游资源，充分发掘滨海特色历史文化，丰富滨海旅游文化内涵，在南沙建设具有国际水准的滨海旅游景区。此外，支持海洋现代服务业及其他新兴海洋产业的发展。在加强海洋环境保护方面，截至 2020 年，近岸海域功能区的海水水质、海洋沉积物质量、海洋生物质量监测达标的功能区面积占实施监测的功能区总面积的比例提高到 90% 以上，"海洋保护区"基本功能区面积不少于 1000hm²。广州还将针对生态功能退化、环境质量恶化、生物资源衰退、自然景观受损、利用效率低下等问题，开展海域海岸带整治修复，改善海洋环境，提升海域景观和海洋生态功能。截至 2020 年，完成整治和修复海岸线长度不少于 10km。

1.4.3 国内外沙滩规划

1. 国外沙滩规划

在欧美国家，对休闲和旅游进行实际干预主要通过规划手段的有机运用，这一策略在规划手段的应用上得到了充分体现。以 2010 年法国阿基坦海岸为例，当地公共管理权威机构发布了一项新的海滩规划，其规划内容涵盖了多个方面。一是对海岸线实际状况进行全面评估，以了解当前情况和存在的问题。二是设计新的管理标准，注重改善户外休闲设备的配置情况，以提升海滩的整体质量和吸引力。三是为海岸线标准的分布设定明确的目标，以引导未来发展方向和达成规划目标。

阿基坦拥有 170 个海滩，包括海边和湖边的海滩，其中 91 个被纳入国家休闲规划范围内（包括海滩和湖滩）。阿基坦海滩休闲规划主要包括社会和自然环境现状简介、目的与目标的明确定义，以及实施步骤的详细约定。休闲规划在跨学科研究方法上保持了连贯次序。阿基坦海滩休闲规划将海滩划分为拓展休闲海滩、休闲与自然型海滩、自然型海滩和湖泊型海滩四大类，并提出了每一类的主要功能以及相应的设备和服务标准。

此外，美国佛罗里达州西棕榈海滩未来规划与研究项目在国际沙滩规划咨询中彰显了其卓越地位。2017 年，美国 Van Alen 研究所与西棕榈海滩改造局（WPB CRA）联合宣布，由 Ecosistema Urbano 设计的"开放海岸"（Open Shore）项目成功摘得滨海海岸设计比赛的桂冠。该竞赛吸引了设计师、规划师和建筑师参与，他们共同构想了未来 20~30 年西棕榈海滩的规划，充分考虑了人口、经济和环境等多方面的变化。规划方案提出打造美国首个圆顶式公共生态气候悬挂花园，旨在实现海滩全年宜人气候，促进城市的凝聚力，改善居民生活、经济环境等方面。这一项目不仅为滨海城市规划领域注入了创新理念和可持续发展的解决方案，同时也为其他地区的规划工作提供了宝贵的借鉴和启示。其成功经验为国际海滩规划提供了有益的参考，推动了滨海地区可持续发展的探索与实践。

2. 国内沙滩规划

在国内，沙滩规划相对较为有限，沿海城市很少制定独立的沙滩专项规划，更多的是通过颁布沙滩保护管理办法来对沙滩进行一系列政策性约束。典型案例包括 2013 年青岛颁布的《青岛市海水浴场管理办法》，这是国内首个专门管理海水浴场的法规。该办法明确了住房和城乡建设行政主管部门作为全市海水浴场的主管机构，解决了此前无统一管理的问题，规定了包括 8 项以上禁止行为在内的一系列管理规定，以加强海水浴场的公共开放性。2017 年，三亚市也制定了《三亚市海水浴场管理办法》，明确了海洋与渔业部门为三亚海水浴场的主管部门，并规定了经营业户和游客需遵守的相关规定，详细列举了包括 9 项禁止行为和 7 项经营活动限制在内的管理措施。

1.4.4 国内外海岛规划

1. 国外海岛规划

国外海岛开发起步较早，已形成了成熟的特色渔业、工业、旅游服务协调发展的格局。随着近十年来海岛旅游的持续发展，以旅游业为中心的生态旅游、民族旅游、文化旅游来促进海岛经济已经成了国外海岛规划关注的重点。其发展模式可以分为基于不同经济理论和基于不同产业结构。前者以加拿大爱德华王子岛为例，该岛主张可持续发展模式，建立因岛制宜，合理规划，依靠法律法规和科技进步构建海岛经济与环境的可持续发展系统。海岛经济支撑系统由自然环境和经济环境两部分组成。爱德华王子岛虽然是加拿大人口密度最大的省份，但自然资源并不丰富，因此有着较大的环境压力。为了能正确处理经济发展和环境保护的关系，爱德华王子岛在环保先行的原则下，着重对农业、渔业和旅游业进行规划。岛上 90% 的面积为可耕地，农业人口占全省总人口的 60% 以上，本省渔业也很发达，龙虾闻名于世。在海岛规划时旨在通过提高农业的生产力和效益，促进农业的转型和创新，保护海岛的资源和环境，满足农业的需求和责任。另一个重要经济支柱是旅游业，旅游相关的规划包括旅游产品开发、旅游市场营销、旅游服务提升、旅游监管完善等内容，以此来提高旅游的品质和竞争力，促进旅游的多样化和创意性，保护旅游资源和文化，满足旅游的需求和参与。

旅游模式是大多数海岛规划所采取的模式，但成功的海岛旅游经济体往往立足于自身文化内涵的挖掘与保护，这种不可复制、独特的文化内涵是构成旅游类海岛核心竞争力的关键因素。例如夏威夷把波利尼西亚文化中的符号、色彩、造型、轮廓等融入海岛规划的各个方面，配以极具创意的符号让夏威夷成为海岛旅游发展的典范。马尔代夫则根据自身岛屿众多的特点，探索出以"四个一"为原则的"马尔代夫模式"，即每一座海岛只有一个投资者、一个酒店、一种文化、一套娱乐和基础设施。

巴拿马的伊斯拉帕伦克海岛规划也是旅游模式的典型代表，该规划获得2010 年 ASLA 专业奖分析与规划类荣誉奖，代表了世界先进的规划水平。伊斯拉帕伦克海岛坐落在巴拿马国家海洋公园的一处群岛之中，毗邻奇里基海湾的国家海洋公园。规划目标是通过整合可持续性、生态旅游、环境保护和教育等方面来发展旅游，为可持续的岛屿发展树立一个模板。在规划重点方面，一是对海岛和周边海域进行生态资源分析，对森林和海洋生态系统进行调查评估，这里的海陆生物非常多样化，包括濒危动植物物种、红树林和湿地，原始森林覆盖着曾经活跃的火山。良好的生态系统成为海岛的资源本底，规划对这些生态系统进行了严格的保护，将 85% 的土地规划为自然保护区。二是采取了生物气候设计战略减少对能源和水源的依赖，实现可持续发展。利用太阳能和风能解决岛上 95% 的能源需求，建筑物通过空气流动、隔离、遮阳和蒸发式冷却等方式来减少对能源的需求。建筑物主要方向与旱季和雨季盛行的风保持垂直，以实现对流通风；同时，在建筑物外部设置蓄水池来预先冷却进入房子里的空气；建造蓄水池和水塔对雨水进行收集，建设废水处理设施实现中水回用；采用本地生植物减少对灌溉的依赖性，废水处理和蓄水池会在旱季里为它们提供灌溉；废弃的食物转化成混合肥料后被用在农田里。这一系列的措施使伊斯拉帕伦克海岛成为生态设计和建设的典范。三是通过发展农业旅游业来减少进口，划定农业旅游区，开发农业旅游项目。居民们在社区的花园里大量种植自己的农产品。森林被砍伐的土地被用来种植建筑用的材料，包括用来盖屋顶的棕榈树叶和家居装修用的竹子。在岛屿南部大量种植果树，为当地居民提供农产品。

四是在基础设施建设上，通过对岸线、水深和环境的评估确定了两处码头选址。水深较深的北部海湾布局服务用的码头，在风景如画的东部海湾布局游客码头。岛内道路建设也体现了生态建设精神，一条林荫大道环绕岛屿，通过自然小路延伸进该岛的内部，典型道路宽度被缩减了 50%，减少了对自然地形的破坏，路面用当地粉碎了的火山岩石铺设。

2. 国内海岛规划

我国的海岛规划也一直在探索，对于不同的资源和产业也慢慢形成了具备特色的发展模式。生态经济发展模式是一个以经济发展为目标的海岛开发模式，其强调经济发展规模不应超过生态环境的承载能力和生态系统的自净能力。我国较为典型的是原长岛县的"负碳经济"生态发展模式，其核心是在海中大力营造"海底森林"。由人工栽培的几十种大型海藻环境为海洋鱼类、贝类提供了充足的食物来源和栖息地，有效吸纳了大气和海洋环境中的二氧化碳，实现了海岛区域经济的负碳发展模式，有效地支撑了长岛的生态环境保护和高端旅游战略实施。

此外，珠海市在海岛规划方面走在全国前列，拥有海岛 262 个，海岛在珠海市国土空间规划管理和海洋保护与发展格局中扮演着十分重要的角色。2013年，横琴大三洲、小三洲两个无居民海岛获广东省人民政府批准，主导用途为旅游娱乐用岛；2017 年，三角岛成为全国首个以挂牌转让方式出让、以"公益 + 旅游"模式开发以及实施生态修复的无居民海岛；2022 年，牛头岛成为广东省首个通过市场化出让确权主导功能为工业仓储的无居民海岛，为全省乃至全国无居民海岛保护开发提供了"珠海样板"；2023 年，东澳岛、外伶仃岛、桂山岛、三角岛四个海岛获得"和美海岛"称号。同时，珠海市运用特区立法权，以立法助推海岛保护利用，制定了《珠海经济特区海域海岛保护条例》《珠海经济特区无居民海岛开发利用管理规定》，成为广东省首个出台全面规范海域海岛管理、保护海域海岛生态环境、发展海洋经济综合性和统领性地方性法规的地级市，通过立法落地，为无居民海岛保护利用保驾护航。2023 年，珠海市发布了《珠海市海岛保护与利用规划》，目标是将珠海市岛群建设成粤港澳大湾区海洋生态安全屏障、海洋开放合作新窗口和岛群联动高质量发展新典范。

在具体的单岛规划方面，三角岛为全国首个以"公益 + 旅游"模式开发的无居民海岛。长期以来，由于海岛生态系统脆弱，加之对无居民海岛资源的过度开发，导致三角岛及周边海域的生态环境遭到严重破坏，三角岛经采石破坏后全岛有 70% 以上面积无植被覆盖，淡水储存能力差，生态系统稳定性极低。规划采取"固本、多元、激活"三步走的设计策略，进行"生态修复 + 景观设计"，打造集科普教育、主题体验、海上运动和休闲度假于一体的生态旅游海岛。重点对海岸线、沙滩、潟湖和山体进行生态修复，重构海岛生态体系，重现生态活力。在开发建设中引入智能雨水收集系统、海水淡化系统、中水回用环保循环技术、海上风力发电、垃圾及污水无害处理技术，构建可持续的生态循环系统，实现全岛"零排放"。经过多年生态修复和景观建设，2023 年，三角岛正式开放，从一座无居民海岛，蜕变成一座生机盎然的生态海岛，岛上的生态旅游业快速发展，逐渐成为海岛旅游综合体及粤港澳大湾区时尚文化旅游目的地。

总体而言，在海岛规划方面，关键是科学制定中长期发展规划，要充分考虑海岛的资源、环境、经济和文化特点。规划阶段需联合国家、地方政府和投资方，进行全面的海岛资源和环境监测评估，深入研究自然和经济支撑系统。只有通过对区域内部的认识，将环境与经济发展有机结合，制定科学的海洋产业中长期发展规划，才能找到成功的开发模式，实现经济高速发展的同时有效保护和改善生态环境。规划中还需谋划产业结构调整，合理确定海洋主导产业和发展方向，积极发展附加值高的海洋战略新兴产业，促进内涵式经济发展，并通过产业合理布局，促进沿海和内陆经济的协同发展。通过综合的规划战略形成健康、平衡和可持续的海岛经济发展路径。

第**2**章
新时代深圳市海洋规划的探索

02
CHAPTER

2.1 深圳海洋规划发展历程

2011 年，深圳市成为首批全国海洋经济科学发展示范市，承担着海洋层面改革创新、科学发展的试验区功能，"海洋兴市"成为新的发展目标。2012 年，深圳市海洋局并入深圳市规划和国土资源委员会，从管理架构上基本实现了陆海一体化管理，开启了陆海统筹发展新时期。以此为契机，深圳市开始了以规划国土部门为主导的海洋规划探索，海洋管理和规划国土部门对深圳市海洋规划的编制和管理理念大致经历了以下五个阶段。

2.1.1 围海造地向海洋要空间阶段（2004—2011 年）

深圳在建市之初为了发展工业和建设基础设施进行了一些围填海工程，如盐田、蛇口、赤湾、妈湾等深水港区和宝安国际机场均采取填海造地来满足建设用地的需要。经过多年高速发展，城市发生了翻天覆地的变化，由一个小渔村转变成为一个现代化的超大城市，但也同时面临土地资源难以为继的问题。为了支撑城市的发展，迫切需要新的土地资源，这一时期海洋规划的思路主要是向海要地，为城市发展提供优质的空间保障。2004 年，市政府发布了《深圳市海洋功能区划》，提出 2005—2010 年围海造地区共 16 个，包括沙井、宝安、机场、前海、新安、后海等地区，用海面积约 34.65km²。2010 年，城市规划主管部门开展了深圳市围填海相关研究，基于水动力研究分析的结论，确定深圳全市可围填海的区域、范围和面积，对围填海区域的空间功能、发展要求和空间布局模式进行研究，划定填海功能区，并制定了各功能区指引。同时，强化陆海统筹要求，以有效实施为前提，提出管理要求、建设标准、综合防灾、海岸线规划等各方面内容。通过这个研究项目，提出了远期最大围填不超过 55km²的目标。

2.1.2 战略研究探索海洋发展阶段（2012—2014 年）

党的十八大提出"建设海洋强国"的国家战略，习近平总书记提出"关心海洋、认识海洋、经略海洋"的部署，明确了我国向海发展的战略方向。这几年深圳市海洋工作日益得到各界重视，2012 年，深圳市海洋局并入市规划和国土资源委员会，进入陆海一体的"大国土管理"新时期。在此背景下，深圳为提早谋划海洋空间发展蓝图，于 2013 年编制了《深圳市海洋空间发展战略规划》，目的在于研究海洋与城市发展的关系，确定深圳市陆海全域空间发展框架，提出海洋管控的重点工作。该规划在主动承担国家使命的基础上，通过以金融主导的海洋新兴经济切入，聚集海洋人才、机构、企业、市场，培育先进的海洋科技文化，持续提高海洋资源开发利用管理水平，建设全国陆海统筹的科学用海示范市、特色突出的国际海滨城市。以陆海统筹为原则，深入分析了当前形势下深圳面临的外部形势、自身条件与主要问题，提出深圳海洋空间未来发展目标和总体策略，确定了优化布局、集聚产业、保护生态、丰富文化、加强服务、和谐宜居等多个重点领域发展目标、路径与策略，促进海洋空间资源开发与保护相协调，并结合城市近期建设重点，提出一系列近期重点行动计划及保障措施。

同期，还编制了《深圳市海洋产业发展规划（2013—2020 年）》和《深圳市科学用海及拓展海洋发展空间规划》。

2.1.3　强化海洋生态环境保护阶段（2014—2016 年）

党的十八大以来，中央提出了海洋强国战略和生态文明建设的重大部署。深圳作为一个滨海城市，城市的快速发展带来了海洋资源衰退、海洋污染加剧等一系列海洋生态环境问题，为此 2014 年开始编制《深圳市海洋生态环境保护规划（2016—2025 年）》，在国内率先将"陆域 + 海域"整体纳入研究范围，以陆海统筹、生态文明为核心，深入剖析海洋发展的现实问题和城市发展总体目标，从认识角度、研究方法、研究思路、规划深度和成果形式上进行创新，构建了海洋生态环保规划管理的整体框架，成为深圳市海洋生态环境保护的纲领性文件。规划改变传统以海论海的线性思路，从现象追溯原因，合理制定目标，根据原因寻找行之有效的对策措施，形成规划分析与管理实施的两个环路，从根源上强化陆源污染管控，实现海洋环境治理目标。同时，引入生态学与管理学等研究方法，实现由关注生态空间到关注生态质量的转变；率先提出市级海洋生态红线管理机制，与基本生态控制线制度一并组成深圳全域生态空间管理基本制度。规划思路与成果得到了国家海洋局的高度认可，对深圳后续开展的全国首个海洋综合管理示范区和国家级海洋创新发展示范市创建，以及全球海洋中心城市定位的最终确定奠定了基础和提供了有力保障。

同期还编制了《深圳市海洋生态文明建设实施方案》《深圳市海洋红线划定与管理研究》《深圳湾污染治理战略研究》等文件。在《深圳湾污染治理战略研究》中积极探索海湾污染防治策略，不仅突出"河湾联治"的规划理念，建立系统完整的综合治理技术体系，而且提出深港共治、多部门统筹协调的治理机制。系统提出陆源污染控制、海上污染防控、污染底泥治理、水动力改善和生态修复五大治理策略；并将策略细化分解为污染总量控制行动、污水系统完善行动、河流治理提升行动、海绵城市建设行动、海上污染防控行动、海湾动力改善行动、底泥原位修复行动、生态环境提升行动八大行动计划。

此外，在这一时期深圳对海域规划也进行了积极探索，针对原海洋规划体系仅有"海洋功能区划"作为法定规划，对海域利用的精细化管控不足，难以统筹和协调深圳旺盛的用海需求的问题，规划主管部门于 2015 年组织编制《深圳市海域利用规划（2016—2020 年）》，规划以"生态发展、陆海协调、规范管控、节约集约、突出重点"为原则，结合用海项目审批要素，对近期用海项目进行规划指引，为近期海域利用提供依据，有效指导用海的精细化管理。规划创新性地开展了海域功能适宜性评价，从海洋地质条件、海洋水文条件、生态环境条件、自然灾害影响，对深圳海域适宜功能进行分析，识别现状用海功能矛盾，结合发展需求提出功能布局优化方案。在精细化管控方面，参照陆域法定图则经验，建立全市海域利用指引一张图，提出各海域单元的用海类型指引、用海面积控制、海洋环境质量、海洋权属管理等要求，并提出各类用海的兼容性说明，支撑近期用海项目的精细化管理。

2.1.4 陆海统筹完善综合治理阶段（2017—2020 年）

深圳市自 2012 年规划、海洋管理机构合并后，以海岸带空间为依托，更多关注陆海功能和管理体制的统筹，积极探索海岸带规划管理体系建构。2018 年发布了《深圳市海岸带综合保护与利用规划（2018—2035）》，规划将海岸带作为陆海统筹的重要空间抓手，是新时代国土空间从陆向海的探索，也是深圳拓展城市发展格局、建设全球海洋中心城市的重要举措。规划首次将陆海作为生命共同体，提出了"三生"统筹布局的框架。规划成果既构建了海岸带规划的顶层设计，又通过总体、分区、单元三个层面将规划内容层层传导，将陆海统筹理念渗透到各层次规划体系中。通过建构规划体系、技术标准、管理机制等多个维度入手，切实地解决了陆海分治导致的一系列复杂矛盾冲突。提出了"统筹—管控—行动"三位一体的规划应对方案。在生态统筹方面强调蓝绿融合共生，建立全域生态系统。在生活统筹方面贯通了 260km 美丽岸线，让市民共享缤纷海洋生活。通过全线贯通环海绿道、开放海岛旅游、划定海上运动区、开放公共沙滩，设置海洋文化地标等激发海洋活力。在生产统筹方面重塑了岸带产业，引领海洋经济高质量发展。同时，结合各部门具体项目需求，对功能进行整合调整，有效提升了海岸带资源价值。最后，从判别发展阶段、评估陆海现状、理顺陆海管理机制三个方面出发，对要素进行叠加分析，将海岸带划分为三大类七小类的管控分区，结合行政区划，形成 15 个湾区管控单元，并在单元层面提出探索编制陆海一体的法定图则。

在海岸带规划出台后，为衔接单元管控要求，规划主管部门陆续组织编制了一系列详细规划，开始了海域海岛详细规划的探索，包括《深圳市大铲岛利用规划》《深圳市土洋—官湖地区详细规划》《深圳市前海湾人工沙滩可行性研究》《深圳市下沙海域详细规划》《深圳市湖湾公共浴场及沙滩公园规划》等项目。同时，规划主管部门积极将相关编制技术经验转化成标准导则，出台了《海岸带地区规划编制技术导则》，对海岸带地区法定图则编制、城市设计、地下空间开发、海堤工程建设提出规划和建设指引。

这一时期，深圳在海洋立法方面实现了重大突破，出台了《深圳经济特区海域使用管理条例》，按照"保护优先、合理开发、陆海统筹、规划先行和节约集约利用"的基本原则，将具体要求落实到海域使用规划、海岸线保护管理、海域使用权取得、海域使用管理等各个环节。

2.1.5　全面推进全球海洋中心城市建设阶段（2021 年至今）

海洋是高质量发展的战略要地。在国家"海洋强国"战略背景下，近年来，深圳向海发展的责任和使命不断强化。2017 年 5 月，《全国海洋经济发展"十三五"规划》明确提出，推进深圳、上海等城市建设成为全球海洋中心城市。2018 年，深圳发布《关于勇当海洋强国尖兵加快建设全球海洋中心城市的决定》，配套出台《关于勇当海洋强国尖兵加快建设全球海洋中心城市的实施方案（2018—2020）》，开启建设全球海洋中心城市的新篇章。建设"全球海洋中心城市"不仅是落实国家海洋强国战略和"一带一路"倡议的重要举措，也是新时代国家赋予深圳的历史使命，更是深圳提升城市定位、实现跨越发展的重大历史新机遇。

要推进全球海洋中心城市建设，必须跳出陆海资源的空间边界，建立陆海思维方式的统筹，建构起蕴含中国智慧的全新海洋思维方式，深刻认识全球海洋中心城市的价值，全方位支撑这一伟大定位。为全面指导深圳市全球海洋中心城市建设，统筹海洋事业发展，2021 年开始编制《深圳市海洋发展规划（2023—2035 年）》，该规划是深圳全球海洋中心城市建设的顶层设计、海洋事业发展的纲领性文件，也是建设"全球海洋中心城市"的深圳方案。规划紧贴深圳海洋发展特点，提出了六大海洋发展战略和空间、管理两大实施保障。该规划于 2023 年正式发布，有利于全市各级政府和部门、社会各界、企业和市民形成一股合力，合理地配置好资源，锚定目标聚力攻坚，标志着深圳进入全面推进全球海洋中心城市建设的新阶段。

深圳市同期还编制了《深圳市海洋经济发展"十四五"规划》《深圳市海洋产业高质量发展及空间布局研究》《深圳市现代渔业发展规划（2022—2025 年）》等一系列产业发展的相关规划，在空间规划方面进一步推进了海域海岛详细规划的覆盖，开展了《深圳市赖氏洲保护与利用规划》《小铲岛保护与利用规划》《深圳市前海湾海域详细规划》《小梅沙海域详细规划》《深圳市龙岐湾海域详细规划》《深圳市溪涌—下洞海域详细规划》《深圳市水头沙—洋畴湾海域详细规划》等详细规划规划项目的编制。此外，积极进行标准研究，制定了《深圳市无居民海岛用岛标准》和《深圳市海域详细规划编制技术指引》。在全国海域详细规划还在起步探索的阶段，深圳市通过积极的实践，率先探索提出了海域详细规划的编制技术方法与路径，促进了深圳市海域的科学保护和精细化利用，为全国提供了可借鉴的经验和案例。

2.2 深圳海洋规划发展中的问题

2.2.1 用海思路

深圳过去的用海思路主要有以下三个问题：

一是受近期发展需求和项目影响较大，用海思路缺乏长期战略性和整体性考虑。深圳早期海洋规划主要是向海要空间。受农耕文明影响，中国城市长期依赖土地资源求发展，通过土地换取资本拉动投资，从而驱动了快速的工业化和城市化进程，在土地资源消耗殆尽面临用地空间难以为继的情况下，向海洋要空间，围填海造地成为一个不错的选择。深圳在不同阶段的发展过程中因城市建设和重大设施的需要也经历了填海的过程，包括前海、后海、蛇口、深圳湾超级总部、海洋新城这些重点地区和港口机场等重大设施。应该说填海造地对深圳过去的发展起到了重要的支撑作用，但不可回避的是填海过程会对海洋生态环境造成影响。在生态文明的背景下，需要协调城市建设与海洋生态环境保护的问题，要摒弃单一发展的线性思维，从更长远的视角评估围填海经济效益和环境影响，建立人海和谐、平衡保护和发展的整体观。此外，在海域利用上受单一的工程驱动影响较大，往往是自下而上提出用海需求，进行工程论证，缺乏海域利用的整体考虑和自上而下的规划引导。

二是条块分割，海域利用整体效率有待提升。深圳市的海域被许多专项规划划分。这些涉海专项规划主要由相关职能部门主导编制，如交通主管部门从港口发展的角度在海域划定了大量的航道、锚地等交通运输用海；渔业主管部门为了支撑现代化海洋牧场建设在近海和深远海划定了渔业用海；还有文体旅游主管部门根据旅游和经济发展需求划定的旅游娱乐和工业用海；各专项规划更多从行业需求和部门利益角度出发，部分用海占用海域资源过大，造成海域利用不够集约。同时，各专项规划之间也缺乏沟通和协调，往往造成海域空间利用功能冲突。随着海洋开发的不断深入，这些专项规划已不能指导和规范日益复杂化的涉海行为，规划与规划之间的衔接与协调越来越重要，迫切需要构建并完善整体性的海洋规划体系。

三是陆海统筹不足，岸线资源消耗过快。现阶段陆海融合更多关注生态修复、滨海绿带的空间统筹，对于海洋产业的空间支撑不足。部分海洋产业具有特殊的空间需求，特别是一些战略性新兴产业和未来产业需要同时利用陆域、海域和岸线空间。深圳海域面积较小，航道众多，还有大量海洋生态保护区域，难以支撑未来海洋产业发展所需的海域空间，也难以形成规模化、品牌化的标志性海洋产业园区。目前深圳对滨海空间的土地价值评估不足、战略预控不足，导致滨海空间被很多非赖水性房地产项目占据，珍贵的岸线资源消耗过快，对未来海洋产业的发展将形成制约，难以满足大量海洋产业集聚的空间和岸线利用需求。

2.2.2 规划体系

深圳市海洋规划与陆域规划相比，起步较晚，基础较为薄弱，主要存在以下几个方面的问题：

一是尚未建立一个系统完整的规划体系。现状海洋规划由海洋空间规划、海洋专项规划、海洋经济与社会发展规划等构成，这几个规划类型是一种并列的关系，纵向上缺乏顶层的战略规划进行总体指导，横向之间也缺乏衔接和协同（图2-1）。海洋空间规划由海洋功能区划、海域利用规划、海岛保护规划、海岸带综合保护与利用规划、围填海规划、海域海岛详细规划等构成。海洋专项规划由海洋环境保护规划、海洋自然保护区规划、海洋污染治理规划、海洋减灾防灾规划、港口规划、沙滩规划等构成。海洋经济与社会发展规划包括海洋经济的若干五年规划、产业集群发展规划、海洋渔业发展规划等。多头规划让各类规划间难免存在不一致、不衔接甚至相互冲突的情况，特别是各类规划提出的海洋空间需求导致海洋空间规划部分内容重叠，存在多规并存的矛盾，同时也导致规划管控的效率低下。

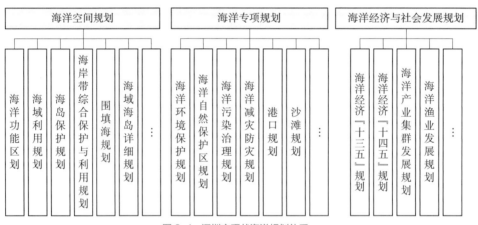

图 2-1 深圳市现状海洋规划体系

海洋功能区划是原有海洋空间规划体系的核心。1989年，海洋功能区划首次被提出。2001年公布的《中华人民共和国海域使用管理法》明确了其法律地位，是海域使用管理和海洋环境保护的重要法定文件。海洋功能区划是根据海域地理位置、自然环境、海洋资源和社会需求等因素，将管辖海域分为农渔业区、工业与城镇用海区等8个一级类及细分的22个二级类功能区，并明确了各类海洋功能区的使用限制和相应空间功能管制要求。海洋功能区划的目的是规范海域使用和海域审批，引导、约束海洋开发活动，科学合理地开发和保护海洋资源，是海域管理的具体依据。2002年，国务院批准实施《全国海洋功能区划（2002—2010 年）》，2004 年 9 月，深圳市人民政府批准《深圳市海洋功能区划》，将管辖海域划分成 8 个一级类，22 个二级类，共 134 个功能区，用海总面积 504.87km²。2012 年，国务院批准实施新一轮《全国海洋功能区划（2011—2020 年）》，形成以维护海洋基本功能为核心思想、以海域用途管制为表现形式、以功能区管理要求为执行依据的海洋功能区划体系。同期编制的《广东省海洋功能区划（2011—2020 年）》将深圳范围海域划分为农渔业区、港口航运区、工业与城镇用海区、旅游休闲娱乐区、海洋保护区、保留区 6 个一级类，18 个功能区。广东省海洋功能区划在全省统筹进行海洋功能区划分，就市级区划而言，功能分区及管理要求不够细化，不能满足深圳市精细化的管理需求。2016 年深圳市启动新一轮海洋功能区划编制，以海洋生态文明示范区建设为契机，结合建设海洋综合管理示范区的相关要求，在《广东省海洋功能区划（2011—2020 年）》的基础上，开展陆海空间匹配、交通运输用海、海洋资源利用、海洋灾害防御四个专题研究，结合相关规划，通过分析各海域自然属性及相应的社会功能需求，制定功能区适宜性评价指标，对省级区划（深圳部分）中每个功能区进行评价，在建设全球海洋中心城市、创建海洋综合管理示范区的目标下，在省级区划和《市县级海洋功能区划编制技术指南》的基础上对功能区不断优化调整，并进一步精细化提出功能区管控要求，精确配置海域空间资源，保障重点项目用海需求。

二是海洋规划的陆海统筹理念和远景战略考虑不足。长期的陆海分治导致海洋空间规划与陆地空间规划相割裂，"两层皮"的规划往往造成陆海生态系统不连通、陆海污染防治相脱节、陆海功能协同不足、陆海空间连接不畅、陆海设施衔接不够等问题。海洋空间规划需要加强陆海统筹理念，把陆海看成一个有机整体进行规划。另外，此前的各类海洋规划有很多是为满足相关工程建设和当前社会经济的发展所制定，受近期工程驱动，重近期轻远期，作为海洋空间规划核心的海洋功能区划的规划周期也只有 10 年，往往会忽略了海洋资源的可持续性和代际间的公平性原则，在远景战略规划方面存在明显不足。

三是刚性过强动态调整机制不完善。现有的体制下，深圳市海洋规划多是依据上级海洋规划编制。上级海洋规划因为编制范围较大基础调研较难全面细致，同时因关注重点不同，提出的规划目标和内容与地市的实际海洋发展不太一致，功能区划分和管控要求与地市协调也不够充分，难免会对地方形成一些不太合理的限制条件。如《广东省海洋功能区划（2011—2020 年）》将深圳范围海域划分为 18 个功能区，功能分区及管理要求不够细化，不能满足深圳市精细化的管理需求。海洋功能区划重视流程，所有修改都必须由原批准部门审批，修改流程繁琐，手续复杂，审批周期过长，制度刚性强，弹性不足，动态调整机制不完善。

四是海洋空间规划技术标准体系不够完善。现行的海洋空间规划主要依据用海适宜性评价、资源环境承载能力评价及海域适应性承载关系制定海洋空间规划的评价和预警模式，但其划分标准是通过同级别地区间的对比获得的，划分结果虽然可以为海洋空间规划的调整提供依据，但不能反映一个区域在长期发展中对用海适宜性和资源环境承载能力的长期规律与发展趋势。海洋功能区划在实际应用中缺乏兼容性规定。海洋功能区划的功能主要体现在以引导和规范开发利用活动为主，各海洋功能分区只规定了该区域适用开发类型，没有进行定量评价与限制，在对海洋生态保护上也存在不足，保护类功能区较少。从整体上看，海洋空间规划的技术标准还有待完善和提升。

2.2.3　海洋管理

目前，深圳海洋管理较为分散和粗放，导致了一系列的问题。一是海洋管理主体多元导致了管理的碎片化，各职能部门间层级多元和部门间的竞争也导致管理分化。海洋综合管理及海域使用管理等职能由深圳市海洋发展局行使职责，但在涉及具体事务职能时，由专业的职能部门行使职责，如锚地、航道由深圳市海事局划定及管理；港口、航道由深圳市交通运输局负责规划及管理；海洋生态环境保护由深圳市生态环境局负责；沙滩管理则由深圳市文体旅游局负责；海堤规划由深圳市水务局负责等。二是功能交叉重叠引致管理分化。不同的涉海部门职能界定和部分事权划分不够明晰，在海域利用的统筹管理上难免会存在矛盾，不利于海域利用的高效、科学、精细化管理。三是协同意愿不足，导致管理碎片化。涉海部门管理功能的分化难以形成海洋整体管理。涉海部门在海洋管理中，为完成上级下达的指令，追求个体利益和局部效能，导致公共服务意识不足，形成管理驱动式的治理模式，公共服务碎片化。

2.3　新形势下深圳海洋规划体系的构建

党的二十大报告明确提出："发展海洋经济，保护海洋生态环境，加快建设海洋强国。"扎实做好海洋战略规划与经济工作是加快建设海洋强国的重要内容。构建海洋战略研究体系、优化海洋空间发展格局、推动海洋经济高质量发展，是今后一定时期国家海洋工作的重点。为了更好落实国家战略和新时期工作要求，深圳需要主动探索和构建新的海洋规划体系。

2.3.1　出台立法：明确海洋规划的法律地位

全球主要的沿海国家都先后制定并颁布了海洋法。加拿大在 1997 年率先通过《海洋法》，使加拿大成为世界上第一个具有综合性海洋管理立法的国家，为综合海洋政策和管理提供了框架，进一步加强了加拿大在海洋综合管理方面的实力，并提出实施基于生态系统的海洋管理。比利时先后颁布了《专属经济区法》和《海洋环境保护法》等，逐步构建了海洋空间立法框架，将海洋空间规划作为一种海洋利用管理的手段。日本 2007 年出台《海洋基本法》，《专属经济区海洋构筑物安全水域设定法》《海底资源开发推进法》《资源勘探和科学调查权利法》也相继颁布；此前日本还制定了《关于专属经济区和大陆架的法律》《养护及管理海洋生物资源法》《海岸带管理暂行规定》和《无人海洋岛的利用与保护管理规定》等若干部海洋环保类法律，为制定海洋政策和海洋规划建立了日臻完善的法律保障体系。美国先后颁布了《海洋自然保护区规划条例》《海岸带管理法》（CZMA）和《海洋法》等。德国近年修订了《联邦空间规划法案》，扩大了国家部门性管辖权（包括海洋空间规划），把专属经济区纳入部门管理范围。英国《海洋与海岸带准入法》中有专门一个章节为海洋规划，提出将构建战略性海洋规划体系。

我国是海洋大国，为有效管辖我国海洋资源，亟须以海洋法治作为保障。与全球主要海洋国家相比，我国在海洋立法方面差距明显，特别是在海洋规划方面的立法工作还存在缺失。我国在海洋相关的法律主要有《中华人民共和国海域使用管理法》《中华人民共和国海岛保护法》《中华人民共和国渔业法》和《中华人民共和国海洋环境保护法》，这些法律法规主要是从使用管理和资源环境保护的方面进行的立法，是各个部门的单行法，不能统筹全局，不能涵盖海洋权益的全部，往往出现海洋管理的法治空白。而且在我国《中华人民共和国宪法》中，也并没有完全明确我国海洋权益的全部事项，因此在纵向上我们迫切需要一部具有统筹意义的海洋法律。目前，国家正在推动《中华人民共和国海洋基本法》的制定工作，该法将成为国内首部统领性、基础性、综合性的海洋法律，有助于完善海洋法律体系和中国特色社会主义法律体系，将为海洋强国建设和海洋可持续发展提供基本的法治保障。

我国涉及空间规划的法律包括《中华人民共和国城乡规划法》《中华人民共和国土地管理法》《中华人民共和国海域使用管理法》《中华人民共和国环境保护法》《中华人民共和国海洋环境保护法》《中华人民共和国海岛保护法》等，对国家层面现行有效的空间法律法规进行系统分析，发现以下几个问题：①涉及规划相关的立法较为分散；②现行相关立法多体现管理型立法的特征，侧重对各类规划制定和实施等不同环节的管理，存在规划理念片面化、体系复杂化、法理碎片化等问题。新一轮国土空间规划体系改革后，国土空间规划范围覆盖全域全要素，实现"多规合一"，国土空间总体规划取代原来的城乡总体规划、土地利用总体规划和海洋功能区划，需要对原有的空间规划法律重新审视，迫切需要一部与现有国土空间规划体系匹配的综合性的空间规划法律。目前，自然资源部正在积极配合全国人民代表大会有关专委会做好《中华人民共和国国土空间规划法》的立法工作。作为国土空间规划的顶层制度设计，《中华人民共和国国土空间规划法》应是对包括土地和海洋在内的全域国土空间统筹布局和进行用途管制的主要法源，特别是要补充海洋规划的相关内容，同时处理好依据《中华人民共和国宪法》编制的发展规划系列和空间规划系列这两大类规划之间的关系，形成统一协调的空间规划法律体系。未来《中华人民共和国国土空间规划法》的出台将更好地统一国家和地方各级规划的规定，维护规划的权威性、规范性，确保国家政策、上位规划战略目标通过规划有效传导到地方各级具体工作中，全面提升国家国土空间治理能力和治理水平。

除了国家层面的立法，各地也在积极推进地方层面的空间规划立法工作。深圳拥有特区立法权，在陆域规划方面先后出台了《深圳市城市规划条例》和《深圳市经济特区城市更新条例》，完成了城市规划的相关立法工作，近期结合国土空间规划体系改革正在研究制定《深圳市国土空间规划条例》。海洋规划与陆域规划相比在立法方面还是一片空白，海洋方面的相关立法工作目前出台了《深圳经济特区海域使用管理条例》和《深圳经济特区海域污染防治条例》。这两个条例都不是规划方面的立法，建议借鉴陆域规划的成功经验，发挥深圳在先行先试的作用，加快研究出台《深圳市海洋规划条例》，为构建科学、合理的国土空间规划法治体系进行积极尝试，或者将海洋规划的相关立法内容纳入到《深圳市国土空间规划条例》中，明确海洋规划的法律地位。通过海洋规划立法，对海洋规划编制和审批、海洋规划实施、海洋规划修改、监督管理全过程和重要环节做出规定，做好与现行法律的衔接，更好地发挥法治对海洋规划规范和保障作用，提升海洋治理能力现代化水平。

2.3.2　规划体系：建立科学的海洋规划体系

海洋规划体系的构建需要遵循以下几个原则：

一是系统整体性原则。海洋尤其是海岸带地区是个复杂的"资源—环境—经济—社会"复合系统，海洋资源开发利用、海洋生态环境保护、海洋社会经济发展、海洋综合管理等涉海行为日益多元化、交叉化、复杂化，客观上要求必须以系统的观点整体综合考虑海洋规划的编制和实施工作，避免单一地就规划论规划。因此，构建深圳市海洋规划体系必须坚持系统论，使规划体系可以涵盖所有涉海行为，规划体系内各级各类规划纵向应可传导落实，横向应可衔接、可反馈。

二是战略引领性原则。海洋具有流动性、开放性和生态脆弱性的特点，海洋规划的编制不能只限于满足近期发展要求，还需要与远期目标保持一致性，需要加强各类规划目标的协调性与规划时间的延续性，近期规划和海域利用不能牺牲远期利益，不能影响远期目标的实现，需要用战略的眼光，既解决当下现实问题，又面向未来进行规划。各类海洋规划需要在一个面向中长期的战略规划的引领之下，按照分阶段目标的要求，结合现状发展条件和需求进行编制。

三是协调一致性原则。各类规划不要"互相打架"，不轻易增加规划类型，海洋空间规划与深圳市"两级三类"的国土空间规划体系保持一致，"两级"为市级和区级总体规划涉海内容，"三类"为总体规划、详细规划和专项规划。各类专项规划主要针对某类涉海行为进行指导规范和管理，但同时又会涉及其他规划内容，与总体规划同步编制的专项规划是对总体规划的支撑，在总体规划之后编制的专项规划需要落实细化总体规划提出的目标策略。各专项规划在服从总体规划的前提下，应加强与相关部门的沟通协调，科学地制定规划目标与实施方案，实现规划目标之间的协调性和一致性，锚定目标分类推进。海洋经济和社会发展规划主要是海洋经济、海洋产业、海洋科技、海洋文化等各类海洋事业的发展规划，这些规划提出的发展目标和指标需要用地用海空间进行保障。海域海岛详细规划是实施国土空间用途管制和项目用海审批的需要，是深圳市项目用海审批的依据和海域出让的前置条件。海域海岛详细规划落实两级总体规划的内容，衔接各类专项规划的要求，对各类海洋经济和社会发展规划中提出的用海需求进行梳理，结合发展目标、海岸带单元定位、现状海域资源条件和现状利用条件进行优化和布局。

按照以上的三个原则，深圳将建立以海洋战略规划为统领，海洋空间规划、海洋专项规划、海洋经济和社会发展规划为主体的海洋规划体系。海洋战略规划提出的总目标、阶段目标和策略在规划体系中向下传导至海洋空间规划、海洋专项规划、海洋经济和社会发展规划中（图2-2）。海洋专项规划、海洋经济和社会发展规划需要落实和细化海洋战略规划提出的目标，明确实施路径、时序安排、责任部门和重点推进项目库。海洋空间规划对海洋战略规划提出的战略提供空间保障，对海洋专项规划、海洋经济和社会发展规划提出的用海需求收集梳理后，进行综合研判和整体规划，通过海域海岛详细规划确定用海分区，保障海洋经济和各项海洋事业的高质量发展。

海洋战略规划是深圳落实国家海洋强国战略，践行先行示范、创新引领，勇当海洋强国尖兵的战略性、纲领性规划，将全面统筹深圳海洋事业的发展，

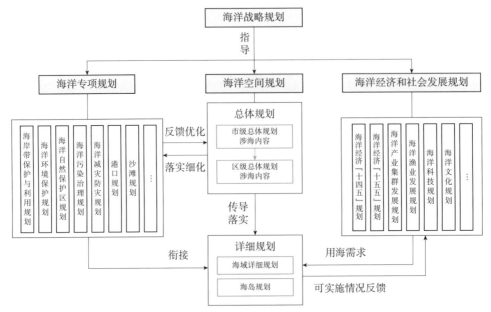

图 2-2 深圳市海洋规划体系

指导深圳市全球海洋中心城市建设。规划以中央赋予深圳市建设全球海洋中心城市重大任务为目标愿景，紧抓国际国内的大变局，旨在构建符合深圳特点的发展愿景、支撑要素及实施路径。

海洋空间规划形成了以深圳市、区两级总体规划为统筹，重点海域、海岛详细规划为审批依据的层次分明的规划体系。深圳市级总体规划涉海部分规划重点在于确定海域规划分区。首先，确定海域一级分区，即划定"两空间内部一红线"，通过对全海域进行资源环境承载力和开发适宜性评价，将海域划分为生态空间和开发利用空间，并通过生态保护级别评价，将海域生态空间"极重要区与重要区"分别划定为生态保护区和生态控制区，将生态保护区划定为生态红线进行管理。其次，将作为开发利用空间的海洋发展区细分为六类二级规划分区，分别为渔业用海区、工矿通信用海区、交通运输用海区、游憩用海区、特殊用海区和海洋发展预留区。在空间管控方面，从用海类型、兼容类型、岸线保护、生态系统保护和开发利用等对各用海规划分区提出原则性的管控指引。各区的区级总体规划涉海部分规划在落实市级总体规划内容的基础上进行优化和细化。

海域海岛详细规划是实施国土空间用途管制和项目用海审批的需要。详细规划是实施国土空间用途管制和核发相关规划许可证和建设工程规划许可证的法定依据，也是支撑深圳市建设全球海洋中心城市的需要。深圳市提出到 2035 年要建成具有竞争力、创新力、影响力的全球海洋中心城市，大力发展海洋经济和海洋科技，旅游、渔业、科研、能源、航运等都对海域提出利用需求，编制海域详细规划是实现海域立体化、精细化利用，促进海洋高质量发展的重要保障。

各部门主导编制的海洋专项规划是对海洋发展规划总体目标和策略的深化细化，涉及领域广、种类多，包括海岸带保护与利用、海洋环境保护、海洋污染治理、海洋减灾防灾、港口航运等领域。其中，海岸带保护与利用规划整合海岸带地区的涉海规划，在陆海统筹方面具有统领作用，是重要的具有综合性的专项规划。海岸带保护与利用规划以海洋生态系统为基础，以保护中开发为出发点，从不同尺度制定不同的管控目标，明确开发时序，将各类涉海发展规划的目标、用途管制的指标、空间规划的坐标，整合为一本规划和一张蓝图，通过规划引导，实现"三生"空间集约高效利用。

海洋经济和社会发展规划主要为海洋经济、海洋科技、海洋文化等各种发展类规划，由各个主管部门组织编制，是对海洋战略规划相关策略、管理机制和近中期实施路径的优化和细化，这些规划在总体发展的基础上更加强化近期行动，形成若干近期行动项目库，各个项目提出的用海需求横向反馈到海洋空间规划中的海域海岛详细规划，通过海域海岛详细规划提供空间保障。

2.3.3 海洋管理：构建海洋管理制度创新的新格局

海洋管理与制度的创新，是建设中国特色社会主义先行示范区和全球海洋中心城市的核心要义，有利于深圳市在国际化、法治化、便利化多方面不断创新探索，主动"先行示范"。管理制度创新是破解深圳建设全球海洋中心城市面临的一系列挑战的核心驱动力。对标国际领先海洋城市，深圳市在海事制度、金融制度、人才制度、科技制度、生态环境保护机制、海洋治理模式等方面尚有许多缺失、冲突、不接轨甚至空白，需要在实践中不断创新发展。

深圳市建设全球海洋中心城市的制度创新体现在海洋城市法律法规的创新、海洋城市管理体制的创新、海洋城市运行机制的创新和海洋城市标准规制的创新四大方面。创新路径体现在充分发挥自身优势和特色，围绕全球海洋中心城市在海洋经济与产业发展、海洋科技研发与教育、海洋人才平台建设、海洋文化交流与合作、海洋生态环境保护与绿色发展、海洋全球治理与合作等若干关键领域，对标国际海洋城市发展的路径和模式，在全球海洋中心城市建设中，不断创新和完善海洋城市现代法制、海洋城市管理体制、海洋城市运行机制、海洋城市标准规制，形成具有世界影响力和国际竞争力的名副其实的全球海洋中心城市（图2-3、表2-1）。

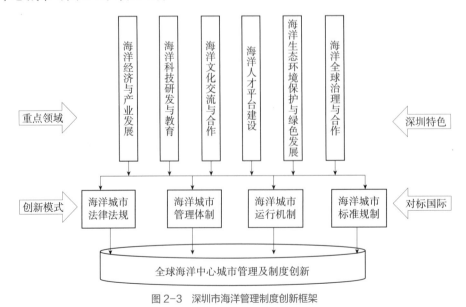

图 2-3　深圳市海洋管理制度创新框架

深圳市海洋城市重点领域管理制度创新节点耦合分析　　　表2-1

	法律法规	管理体制	管理机制	管理规制
海洋经济与产业发展	探索与港澳大湾区法律规则衔接 海洋法律法规的适用 知识产权保护法规 创新机制建设国际海洋事务机构 建立域外法律查明与适用体系	构建海洋城市建设扁平式管理模式 构建海洋科技知识创新管理体制 海洋高等人才培养和引进平台 重点产业发展规划与行业联盟 全球海洋治理体系建设	科技与教育创新激励机制，知识产权保护机制 关税、行业管理激励机制 国际海洋文化交流平台和机制 海洋生态环境评价、监督体系	与国际接轨的海洋科技、产业标准、人才考核与资质认证 有关领域国际海洋通行的标准规制的认证与制定
海洋科技研发与教育				
海洋文化交流与合作				
海洋人才平台建设				
海洋生态环境保护与绿色发展				
海洋全球治理与合作				

1. 完善海洋治理各项配套法律法规

创新利用深圳市享有特区立法权的优势，在深圳市层面制定和完善相关海洋治理的法律法规，确保参与全球海洋治理相关事宜的法律地位和保障相关方案制度的有效制定和实施，加快出台《全球海洋中心城市建设促进条例》。建立粤港澳商事调解仲裁联盟，构建"一带一路"国际仲裁多边合作机制。探索临时仲裁制度，积极开展互联网仲裁业务。积极探索建立粤港澳大湾区国际仲裁中心。发挥前海中国特色社会主义法治建设示范区特殊优势，对接我国香港地区的法治环境，探索引进国际组织、境外仲裁机构与特区国际仲裁机构开展业务合作，打造粤港澳大湾区国际仲裁中心。

2. 以"深圳市建设全球海洋中心城市领导小组"为核心，构建统筹协调的管理体制

新时期的海洋管理体制以"深圳市建设全球海洋中心城市领导小组"为核心，统筹推动全球海洋中心城市建设（图 2-4）。针对重点领域设立海洋工作组，由相关政府机构＋国内外领先院所＋领先行业协会或领先企业负责人共同组成，明确各海洋工作组责任分工，加强沟通和参与。强化海洋专家智库的参与，构建海洋重大事项的决策咨询制度。

研究制定"全球海洋中心城市"指标体系，定期对国内外海洋城市经济、科技等多方面进行比较分析，发布评估报告。加强海洋经济运行状况监测，定

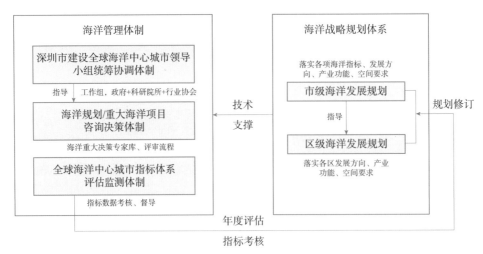

图 2-4　海洋管理体制及海洋战略规划框图

期对深圳市建设全球海洋中心城市的进展进行评估，不断优化和完善相关海洋政策及实施举措。

建立市、区两级海洋战略规划管理体制，各区在市级海洋发展规划的指导下，编制区级海洋发展规划，明确区级规划目标、发展战略、行动路径及近期项目安排。完善海洋发展规划管理，积极对接空间规划，为全球海洋中心城市建设提供空间保障。加强海域海岛精细化管理。落实国家严控围填海政策，除国家重大战略项目外，全面禁止围填海。探索立体用海，完善海洋空间管理制度。

3. 围绕重点领域创新海洋城市管理机制

海洋城市管理机制根据国家对深圳市提出的建设全球海洋中心城市的新要求，面向深圳建设全球海洋中心城市的基本定位和重点领域，围绕海洋经济与产业发展、海洋科技研发与教育、海洋人才平台建设、海洋文化交流与合作、海洋生态环境保护与绿色发展、海洋全球治理与合作等领域的法规、管理机制、规则规制等方面的创新需求进行系统梳理，提出以下重点创新方向：

1）海洋经济与产业发展领域

一是健全海洋经济促进机制，以前海合作区为制度创新主体，不断优化金融、保险、税收、贸易、法律等政策机制，营造一流营商环境。二是健全精准化海洋投融资和风险补偿机制，改进海洋信贷风险缓释手段和防控措施。培育金融生态，打造海洋融资中心。实现新兴涉海保险业发展的制度突破，争取将金融业大类，以及航运保险、海工装备保险、渔业保险等细分领域定向纳入前海深港现代服务业合作区企业所得税优惠目录。加大对中小企业的资金扶持，探索降低海洋产业投资基金所得税征收税率、根据基金投资本地海洋企业规模进行所得税按比例返还等举措。三是提高对外贸易开放度，面向建设全球领先的国际航运中心，实施更加国际化、法治化、便利化的促进国际船舶登记和配套制度改革。大力支持深圳国际仲裁院海事仲裁中心发展，提升深圳国际仲裁院综合服务能力，打造服务全球的国际商事法律和争议解决服务中心。深化粤港澳游艇自由行改革，探索符合条件的游艇参照国际船舶进行登记，在海关、外汇、税收、财政等方面提供配套支持措施。

2）海洋科技研发与教育领域

构建海洋科技创新全链条激励机制，促进高校、科研机构与涉海重点企业在科技创新全生命周期实现信息互通、风险共担和利益共享。制定海洋科技研发规划、重点科技研发项目指南、科技成果转化政策保障体系。建立常态化的政、企、研科技创新咨询制度，完善科技资产评估制度，形成激励与监管相协调的管理机制，动态监测评估海洋科技创新进展。完善金融支持海洋创新的机制。鼓励金融机构发展知识产权质押融资、科技保险等科技金融产品，构建知识产权保护运用公共服务平台。优化重大科技项目立项和组织管理方式，健全奖补结合的资金支持机制。

3）海洋人才平台建设领域

创新海洋人才引进培育机制，制定海洋人才长短期或临时聘用管理机制。鼓励国内外各机构的海洋专门人才接受本市大学、研究院所、企业等的有偿聘用，吸引国内外海洋专业人才在深圳高校、科研机构和企业兼职。鼓励深圳涉海高校、科研院所设定一定比例的流动岗位，聘请有实践经验的企业家、企业科研人员担任兼职教师或兼职研究员，促进海洋专业人才在高校、科研机构和企业之间的合理流动。

4）海洋文化交流与合作领域

将海洋文化发展与城市发展紧密结合起来，重点建设国际海洋文化交流平台，通过海洋节庆活动、海洋文化艺术交流、海洋国际会展等多种形式，促进深圳市与全球领先海洋城市实现全方位文化交往；构建世界级绿色活力海岸带、彰显海洋文化特色、打造国际滨海旅游城市，营造陆海融合、人海和谐的国际海滨城市氛围，提升深圳海洋文化在全球的辐射力。

5）海洋生态环境保护与绿色发展领域

建立海洋生态保护和开发利用管理协调机制。依托深圳市建设全球海洋中心城市领导小组推进生态保护。结合深圳市建设全球海洋中心城市领导小组权责职能，拓展推进海洋生态环境保护和开发利用相关工作：一是强化跨部门海洋环境污染联防联控联治，加强突发环境事件应急联动，深入推进应对气候变化交流合作等。二是巩固合作平台，加强已有模式和成果，创新平台管理。三是建立健全机制，提高市级层面海洋生态环境联防联控效果，包括加强国家生态文明试验区建设机制；完善生态环境大数据共享机制；创新部门间生态环境保护联动机制；健全流域生态保护补偿机制；完善海洋生态环境保护宣传教育机制；探索区域生态环境保护政策及技术研究合作机制。落实海洋生态环境保护目标责任制。将海洋污染治理与生态保护的目标纳入沿海各区经济社会发展评价范围和干部政绩考核。落实辖区责任制，沿海各区政府和涉海管理部门严格落实海洋生态文明建设的行政首长负责制和任期目标责任制，逐级签订责任书，并开展定期检查。建立规划实施的动态评估与校核机制，定期对规划实施情况进行评估，相应调整改进下一阶段规划实施。

6）海洋全球治理与合作领域

从健全海域管理体制机制、加强海洋基础能力建设等方面入手，对智慧海洋建设、海洋防灾减灾、海洋执法维权等进行全面部署，提升海洋法治化、精细化管理水平。以举办国际海洋高端交流活动、谋划国际海洋事务组织落户深圳、构建"全球资源＋中国消费"的远洋渔业格局等举措为重点，助力"21世纪海上丝绸之路"建设，争取在国际海洋法律、规制、行业标准制定方面贡献深圳力量。

4. 完善管理规制，增强海洋话语权

1）推动海洋类行业标准制定

鼓励涉海企业积极参与制定海洋综合治理、海洋观测监测、海洋资源调查与开发利用、海洋生态环境保护、海洋碳汇、海洋装备及工程系统建设、船舶设计建造和海上安全等方面的国际行业标准，提升深圳海洋发展的国际影响力。推动将具有自主知识产权的海洋技术转化为国际标准，加快海洋科技研发、标准研制和产业发展一体化建设。增强在国际海运领域标准制定、市场议价定价机制建设等方面的能力。

2）完善海洋生态环境保护的标准及技术规范

加强对入海污染物和污染源的管控立法，完善海洋污染补偿领域法律法规。完善海洋生态环境标准体系，制定适宜深圳市海域特点的生态保护修复技术规范，包括珊瑚礁、红树林等典型海洋生态系统修复，河口湿地修复，生态海堤建设等。

3）探索构建绿色政策及标准体系，完善依法治理海洋环境机制

服务国家"双碳"目标，瞄准绿色化发展方向，积极开展海洋碳汇、海洋塑料污染治理、海洋—大气相互作用的研究探索，探索港口绿色化相关政策标准，通过制度创新和多方联动形成海洋生态环境支撑体系。探索研究"蓝碳"相关制度，完善"蓝碳"管理政策机制，将"蓝碳"纳入深圳海洋资源管理体系，加强"蓝碳"保护修复的公众参与和区域间合作。

第3章
海洋发展战略研究

03
CHAPTER

何为全球海洋中心城市？深圳应该打造成什么样的全球海洋中心城市？海洋与城市是什么关系？"全球海洋中心城市"的定位赋予了深圳怎样的发展机遇和挑战？向海而生的深圳又该如何抢抓机遇向海而兴，向海而强？这一切，将会在具有战略意义的《深圳市海洋发展规划（2023—2035 年）》中找到答案。

纵观人类历史，世界强国也必然是海洋强国。2017 年，中央提出支持深圳建设"全球海洋中心城市"，深圳建设全球海洋中心城市，将成为我们国家建设海洋强国的重要载体与先锋，同时也是深圳后改革时代提升城市定位、实现跨越发展的重大历史新机遇。

"全球海洋中心城市"作为一个综合性、战略性、前瞻性、长期性的发展定位，需要用战略眼光来审视，更需要结合实际找到切实可行的路径。深圳市必须思考如何打破固有资源约束，用海洋思维来引领城市发展，为中国未来城市化转型发展探索一条新的发展路径。

3.1 深圳基础与优势

3.1.1 海洋资源丰富，海洋历史文化悠久

深圳处于珠江口、深圳湾、大鹏湾、大亚湾"三湾一口"的核心地带。深圳市（不含深汕特别合作区）海域面积约为 2030km^2，深汕特别合作区海域面积约为 1809km^2；全市（不含深汕特别合作区）海岸线为 260.5km；全市（不含深汕特别合作区）无居民海岛 51 个，深汕特别合作区无居民海岛 26 个。深圳市拥有深水港湾、滩涂、沙滩等海洋资源，也集聚了珊瑚群落、红树林等众多动植物生态资源。深圳是我国古代南海海防重镇和海上丝绸之路贸易文化的重要节点，保留了大鹏所城、赤湾天后宫、左炮台、沙鱼涌古港等大量海洋历史文化遗存，以及沙头角鱼灯舞、疍家人婚俗、"辞沙"祭妈祖大典、沙井蚝民生产习俗等非物质文化遗存。

3.1.2 经济实力雄厚，海洋经济基础相对薄弱

深圳经济发展水平全国领先，产业体系完备，集群优势明显，形成新兴产业以战略性为主、工业以先进制造业为主、三产以现代服务业为主等"三个为主"的产业结构。但海洋经济优势并不凸显，2022 年深圳海洋生产总值为

3128.55 亿元，同比增长 3.9%，占 GDP 比重 9.7%。涉海企业近 3 万家，全市涉海上市企业 49 家，集聚中集集团、招商重工（深圳）、中海油（深圳）、招商港口、深圳港等一批龙头骨干企业。但与国内海洋强市相比，深圳海洋经济无论是生产总值还是比重均低于青岛、上海、天津等城市，海洋新兴产业增加值占海洋经济增加值比重（23%）也显著低于全市战略性新兴产业增加值占 GDP 比重（37.7%），海洋经济的基础还相对比较薄弱。

3.1.3　创新动力强劲，海洋创新要素集聚不足

深圳市创新发展动能强劲，PCT 国际专利申请量连续 19 年居国内城市首位，在国家创新型城市创新能力排名中位居第一，是我国最具创新实力、发展活力的城市之一。但海洋创新要素集聚不足，海洋科研机构数量少、分布散，尚缺少国家级海洋科技研究机构；院士、学科带头人等海洋高层次人才稀缺，历史积淀薄，基础研究、应用研究、复合型人才匮乏。

3.1.4　制度优势显著，海洋领域改革创新潜能尚待激发

深圳拥有中国特色社会主义先行示范区综合授权改革试点平台，拥有前海深港现代服务业合作区改革创新试验平台，在改革创新上空间巨大。而海洋领域制度创新和先行先试潜能激发尚显不足，对海洋金融、航运服务、海事仲裁等海洋高端服务业发展支撑尚显不够，亟待加速海洋领域全面深化改革、全面扩大开放，有力支撑国家海洋强国战略目标实现。

3.2　深圳在全球城市网络中的地位

从全球城市网络看深圳目前在全球的地位和影响力，全球城市、海洋城市和创新城市的各种权威指数是最直观的体现。全球城市的评价指标体系比较丰富和完善。当前较为知名的有世界级城市名册、全球城市指数、全球城市实力指数和全球城市竞争力指标体系等。海洋城市的评价指标体系相对薄弱，目前较为公认和具有较大影响力的评价指标体系为世界领先海事之都和新华·波罗的海国际航运中心发展指数。创新城市的评价指标有全球创新指数（GII）和全球创新城市指数（IC）等。

3.2.1 全球城市指数

1. GaWC 的"世界级城市名册"

1998年，全球化与世界级城市研究小组与网络（Globalization and World Cities Study Group and Network，GaWC），利用关系数据（Relational Data）为世界城市进行定义、分类及评级。通过研究会计、广告、银行/金融及法律四项"高级生产性服务业"的连通性为城市排名，确认了世界城市的三个级别和若干子类别。GaWC将全球主要城市分为四个大的等级：Alpha、Beta、Gamma、Sufficiency，每个等级内部又会用加减号来标记该等级内的次级别，以表明城市在全球化经济中的位置及融入度。GaWC每两年发布一次"世界级城市名册"，在全球具有广泛的影响力。2022年最新的"世界级城市名册"排名前五位的城市是伦敦（Alpha++）、纽约（Alpha++）、香港（Alpha+）、新加坡（Alpha+）和上海（Alpha+），深圳等级是Alpha-，位于一档四线，排名41位，2020年的排名为46位，从近几期的排名变化来看，深圳的排名呈现出缓步上升的趋势，这个排名基本体现了深圳目前在全球城市网络中的地位。

2. 科尔尼的全球城市指数

2008年，全球管理咨询公司——科尔尼公司（A.T. Kearney），联合《对外政策》杂志，以及国际顶级学者与智库机构联合研究推出了全球城市指数。全球城市指数对超过130个城市的公开数据进行深入分析，围绕商业活动、人力资本、信息交流、文化体验和政治事务五个维度评选出当前全球最具竞争力的城市。五个维度的权重各不相同，商业和人力资本权重最高，各占30%，信息交流和文化体验次之，各占15%，政治参与最低，仅占10%。2022年最新的《全球城市指数报告》排名前五位的城市是纽约、伦敦、巴黎、东京和北京，深圳位列73名，近几年排名变化不大，表明在全球竞争力方面深圳与国际先进城市仍有较大的差距。

3. 全球城市实力指数

近年来，日本森纪念财团（Mori Memorial Foundation）发布的"全球城市实力指数"（Global Power City Index，GPCI）影响力越来越大。GPCI自2008年起每年发布一次，该指数对经济、研发、文化互动、宜居性、环境、空间与可达性六个领域的70项指标进行评价。GPCI不仅分析排名本身，还分析排名的组成部分，是衡量全球城市绩效和竞争力的全球基准。该指数反映了城市的动态性质及其面对全球挑战的适应和发展能力，全面概述了城市在全球舞台上的地位和影响。2023 年发布的最新"全球城市实力指数"对全球 48 个主要城市的综合实力进行排名，前五名城市为：伦敦、纽约、东京、巴黎和新加坡，前五名城市排名连续 8 年保持不变，深圳未进入这 48 个城市中。

3.2.2　海洋城市指数

海洋城市的评价指标体系相对全球城市而言比较薄弱，主要以海洋航运和航运服务为依托构建指标体系，目前具有较大影响力的有世界领先海事之都和新华·波罗的海国际航运中心发展指数。

1. 世界领先海事之都

世界领先海事之都自 2012 年发布，迄今为止共发布五期，从五期报告来看，评价体系分成五大板块包括——航运中心、海事金融与法律、海事技术、港口与物流、吸引力与竞争力。每个板块都设置了一套由客观和主观指标组成的综合性评价体系组成排名模型，对五大板块下的前 50 个海洋城市进行了排名。在全球 50 大城市排名中，每个板块的权重相等（20%）。在每个板块内，所有指标的权重相等。2022 年最新一期报告五个板块共包括 29 个客观指标和 11 个主观指标，与上期相比引入了新的客观指标，用以评价绿色转型中的关键发展。每个板块的主观指标，以来自世界各地的 280 名企业高管（主要是船东和经理）的看法和评估的形式呈现。在最新的排名中，前五位城市为：新加坡、鹿特丹、伦敦、上海和东京。深圳与广州两个城市组合位列第 22 位，在 50 个参评的海洋城市中大致处于中间位置，在五大板块评分中除了港口与物流板块有一定优势外，其余四个板块与国际先进海洋城市比劣势明显。

2. 新华·波罗的海国际航运中心发展指数

新华·波罗的海国际航运中心发展指数从港口条件、航运服务和综合环境三个维度对全球 43 个样本城市的阶段性综合实力予以评估。2023 年全球航运中心城市综合实力前 10 位分别为新加坡、伦敦、上海、香港、迪拜、鹿特丹、汉堡、雅典—比雷埃夫斯、宁波舟山、纽约—新泽西。相较去年，前十城市总体保持稳定，广州排名第 13 位，深圳排名第 17 位，广州和深圳排名都较上年保持不变。

3.2.3 创新城市指数

1. 全球创新指数

全球创新指数（GII）由世界知识产权组织联合康奈尔大学、欧洲工商管理学院自 2007 年首次推出，每年发布一次，其核心是根据设定的 80 个指标对 130 多个经济体的创新生态系统进行排名。全球创新指数是衡量一个经济体创新生态系统表现的主要参考来源，也是政策制定者、商界领袖和其他利益相关方用来评估创新随时间推移而取得进展的重要基准工具。2023 年全球创新指数是以两个次级指数的平均值计算的：一是创新投入次级指数，衡量的是支持和促进创新活动的经济要素，这些要素共分为制度、人力资本与研究、基础设施、市场成熟度和商业成熟度五大类；二是创新产出次级指数，体现的是经济中创新活动的实际成果，分为知识与技术产出和创意产出两大类。在 2023 年全球创新指数"科技集群"排名中，深圳—香港—广州集群位列第二，是该科技集群连续 4 年排名高居全球第二位。

2. 全球创新城市指数

澳大利亚智库（2 Think Now），从 2006 年起致力于做创新型城市评价研究。他们的评价指标体系分为四层：3 个因素，31 个门类，162 个指标，1200 个数据点。该机构认为影响创新过程的三大因素是：文化资产，即创意的源头，如设计师、美术馆、体育运动、博物馆、舞蹈、大自然等；实施创新所需的软硬基础设施，如交通、大学、企业、风险投资、办公空间、政府、技术等；发生网络联系的市场，这是创新所需要的基础条件和关联，如区位、军事国防力量、相关实体的经济状况等。在 2023 年最新一期对全球 500 个城市进行的评价和排名中，排名前五位的城市是东京、伦敦、纽约、巴黎和新加坡，深圳排名在 74 位，较上期 26 位的排名下跌了 48 位。

3.2.4 综合评价

从全球城市指数、海洋城市指数和创新城市指数综合来看，除了全球创新指数外，深圳在各类指数的排名大致为 20~80 名（表 3-1），可以说创新优势突出，但整体影响力相对有限，特别是海洋领域的影响力还比较弱，航运服务、海洋科技、海洋高端服务业等板块与全球著名海洋城市比差距明显，距离全球海洋中心城市的建设目标还有较大的距离。

全球城市相关的主要指标体系　　　　　　　　　　　表3-1

	名录	评价要素	发布机构	深圳排名 / 总数	排名前五的城市
全球城市指数	世界级城市名册（GaWC）	金融、会计、广告、法律和管理咨询五个行业的全球高端生产服务企业在城市的办公网络和信息流动	全球化与世界级城市研究小组与网络（GaWC）	41/236	伦敦、纽约（Alpha++）、香港、新加坡、上海（Alpha+）
	全球城市指数（GCI）	当地要素、生活环境、营商环境、社会包容、环境韧性、科技创新及全球联系	科尔尼管理咨询公司	73/ 超过130	纽约、伦敦、巴黎、东京、北京
	全球城市实力指数（GPCI）	经济发展、科研与开发、文化交流、城市宜居性、城市环境、城市交通	日本森纪念财团	未上榜/48	伦敦、纽约、东京、巴黎、新加坡
海洋城市指数	世界领先海事之都	航运中心、海事金融与法律、海事科技、港口与物流、城市竞争力与吸引力等，共40项指标	挪威船级社与梅农经济咨询	22/50	新加坡、鹿特丹、伦敦、上海、东京
	新华·波罗的海国际航运中心发展指数	港口条件、航运服务、综合环境等，共18项指标	新华社中国经济信息社波罗的海交易所	17/43	新加坡、伦敦、上海、香港、迪拜
创新城市指数	全球创新指数（GII）	制度、人力资本、基础设施、市场成熟度、知识与技术产出、创意产出等，80项细分指标	世界知识产权组织康奈尔大学欧洲工商管理学院	2/133	东京—横滨、深圳—香港—广州、北京、首尔、硅谷湾区（科创集群排名）
	全球创新城市指数（IC）	教育、财政、娱乐、行政能力、能源、交通、污水、消防与突发事件应对、健康、安全、固体废弃物、城市规划、供水，以及公众参与、经济、住房、文化、环境、社会公平、技术与创新等	澳大利亚智库2 Think Now	74/500	东京、伦敦、纽约、巴黎、新加坡（深圳由26下跌至74）

3.3　新时代深圳海洋战略选择

　　面向未来，深圳需要打破自身资源条件的约束，在发挥自身优势的前提下，紧密结合未来国际趋势进行布局。在新时代，深圳市可以用寻切口、拓市场、高站位作为战略选择，近期通过优势转换寻找一个海洋发展切入口，培育长远发展势能；突破空间及资源边界，"全域"拓展大市场；以高站位作为引领，不断提升国际海洋话语权。

3.3.1 寻切口：以科技和制度创新培育长远发展势能

纵观人类发展史，海洋大国的崛起需要抓住战略机遇，依托技术革命进行制度创新。大约 3000 年前，古希腊依托海洋技术的发展，创新共同海损法律制度，引领世界进入海洋贸易时代；大约 300 年前，英国依托电报技术的发展，完善国际贸易制度，奠定了国际航运中心的地位。

与国内其他沿海城市相比，深圳科技创新基础及制度优势突出，可以学习奥斯陆以海洋科技为核心的发展模式，抓住未来深远海技术创新领域，通过科技兴海进行海洋势能的培育。坚持科技和制度创新双轮驱动，寻求深圳在我国海洋高新技术发展中的可为空间和突破方向，推动海洋领域关键技术的创新发展。不断拓展海洋科技在海洋领域的应用场景，制定促进海洋科技发展的激励政策和有利于科研机构培育、创新能力提升、成果市场化转变等的创新发展机制。

3.3.2 拓市场：突破空间及资源边界链接全球海洋资源

全球城市与区域发展表明，中心城市难以脱离城市网络而孤立发展。纽约与墨西哥湾—加勒比海沿岸休斯敦、奥兰多、迈阿密等沿海城市共同形成集金融、海洋科教、文化旅游等功能于一体的海洋经济区；伦敦通过英格兰东南部城市群南安普敦、朴次茅斯等城市提供造船、海洋科研、国际帆船、海事服务等职能。

从这个意义理解，全球海洋中心城市不仅指深圳一个城市，更应通过区域合作和对外连接，形成一个以深圳为中心的城市网络。深圳要建设全球海洋中心城市，必须跳出城市自身的空间及资源边界，提升区域整合能力，建立全"域"的视野，统筹调动和运用多方资源，将自身放置在全球城市网络中，引导更多的海洋资源在深圳积聚，同时通过链接不断扩大外部大市场，实现对深圳自身海洋发展的重构。

一方面，可以通过推动与国内外城市的纵向合作，通过产业链延伸，突破空间边界，拓展海洋市场。另一方面，通过紧密联系我国香港、海南等地，实现优势互补和协同发展，打通内外双循环，服务南海战略，不断提升国际影响力。

3.3.3 高站位：三个维度理解深圳历史使命

全球海洋中心城市是海洋强国的重要载体和先锋，是代表中国实现民族复兴伟业，参与国际竞争的社会主义典范城市。从国家战略意义来看，深圳必须用最高的站位要求自己。

从开放维度看，深圳将引领我国对外开放进入新阶段，在全球产业链、供应链重构的形势下，积极融入全球发展大格局中，特别是在面向南海合作及"21 世纪海上丝绸之路"方向，深圳将成为我国对外协作的主平台和新时期拓展对外新兴市场的先锋。

从海洋维度看，深圳未来将引领海洋科技创新，以创新驱动发展，通过创新链、产业链和人才链的深度融合，大力发展海洋新兴产业、通过科技创新赋能传统优势产业，不断增强海洋经济发展动能，提升我国在海洋领域的话语权。

从城市维度看，全球海洋中心城市是依托海洋思维探索未来城市发展之路的重要选择，深圳将为新时代中国城市发展探索一条城镇化发展的新模式，以更加开放的姿态引领更多中国城市走向世界。

3.4　发展目标及总体安排

以建设"卓越的全球海洋中心城市"为总体目标，把握百年未有之大变局的战略机遇和国际竞争的新态势，立足海洋强国战略、社会主义示范区、粤港澳大湾区等国家战略需求，探求深圳新时代的使命担当。适应新趋势，应对新挑战，进一步向海发展、挺进深蓝、全面深化改革、扩大开放新格局，在制度层面加强创新引领，建设具有竞争力、创新力、影响力的全球海洋中心城市，成为引领全球价值链、共塑海洋命运共同体的海洋城市发展典范。

3.4.1　实现四个方面引领和示范

将总体目标定位细分为全球海洋经济引领者、全球海洋科创新标杆、全球海洋文明示范区、全球海洋协作主平台四个分目标，政府、企业、科研院所和社会各界锚定目标聚力攻坚，实现四个方面的引领和示范。

1. 全球海洋经济引领者

1）卓越高效的国际航运中心

高标准建设国际航运中心，促进港航业多元化发展，加强港口基础设施建设，提升航道通航能力，推进港口联运和运营全球化布局，打造全球航运服务节点枢纽；推动港航业与自贸试验区融合，推进互联网、物联网、大数据等信息技术与港口服务和监管的深度融合，推进港口运营管理智能化建设，实现港口运作智能化、港航管理智慧化，将深圳港打造成绿色、智慧、高效的国际航运中心。

2）海洋战略新兴产业高地

发展海洋高端装备、海洋新能源、海洋电子信息、海洋生物医药等战略性新兴产业和未来产业，大力培育具备国际海洋市场竞争力的跨国企业和世界知名涉海产品品牌，将深圳建设成具有全球影响力的海洋战略新兴产业高地。

3）蓝色金融服务中心

与我国香港地区紧密合作，共建蓝色金融服务中心。发挥我国香港地区在涉海金融交易、法律、保险、仲裁等领域的优势，积极创新蓝色金融产品，大力拓展融资渠道，在蓝色金融标准制定和蓝色债券等方向率先突破，持续完善蓝色金融政策体系，打造多功能的蓝色金融服务生态圈。

2. 全球海洋科创新标杆

1）海洋科技自主创新策源地

加强海洋科技自主创新，推进大科学装置、国家重点实验室、海上综合试验场等重点科技服务平台和科技基础设施建设，突出创新重点，完善科技创新体系建设，推进重大科技研发工程项目落地，形成源头创新的持久竞争力。从需求端出发，激励自主创新，甄选"卡脖子"技术与国际前沿技术，攻坚克难，形成科技创新的原始驱动力。

2）海洋科技成果转化最佳地

强化成果转化驱动，打通产学研用创新链条。建立国家级海洋科技成果转化中心，加速转化示范；完善科技成果转化激励机制，提升科技应用综合环境，形成国际海洋科技成果转化中心和示范平台。

3）海洋高端与复合人才聚集地

优化海洋人才引进和培育机制，全方位打造高端海洋人才聚集地。围绕海洋产业与人才需求，针对性引进跨行业、跨学科的海洋人才。鼓励跨学科培养，建构多方位的人才培育载体；探索"产学研用"一体的人才流动机制。

3. 全球海洋文明示范区

1）低碳转型与蓝碳价值示范

推动减污降碳协同增效，促进能源结构和海洋产业的绿色化转型，推动风能、海洋能等可再生能源发展，探索碳捕捉与海洋负排放前沿技术，推动海洋碳汇标准构建，助力深圳率先实现"碳中和"。

2）绿色海洋价值示范

从近海到远洋，实现全域生态保护，构建海洋命运共同体，推动海洋生态价值提升与转化。深入践行绿色发展理念，积极参与绿色标准制定和生态资源价值实现机制，通过绿色港口建设、绿色设计、生态系统价值核算等打造绿色城市典范。

3）城海和谐文明示范

城海交融，陆海统筹发展，塑造多元滨海特色风貌。全方位提升海洋文化意识，建立国际海洋文明交往门户。海域空间布局与陆域海洋事业空间布局联动发展，对深圳市海洋经济产业、科教文化、生态环境等方面功能进行整体统筹，构建陆海一体的总体空间格局。

4. 全球海洋协作主平台

1）粤港澳大湾区海洋协作引领者

强化深圳作为粤港澳大湾区核心引擎的作用，联动粤东西沿海经济带，推动海洋基础设施共建共享、互联互通，构建海洋经济发展利益共享机制，实现湾区海洋资源优势互补、协同发展，成为粤港澳大湾区海洋协作引领者。

2）海洋强国战略践行者

勇担国家海洋强国尖兵的使命，激活国内涉海资源，推动中国南部海洋经济合作，牵头构建国家南部海洋经济圈，打造南海开发技术策源地和综合服务保障地，打造南海国家市场化经济合作中心和资源整合集散地。

3）全球海洋治理参与者

聚焦"一带一路"，鼓励涉海企业"走出去"，构建全球"蓝色伙伴关系"。通过国际合作，强化深圳全球资源的配置能力和国际规则参与及制定能力。拓展国际海洋合作新领域，深度参与全球海洋治理，加快建成海洋合作治理先锋城市。

3.4.2　三步走建成卓越的全球海洋中心城市

1. 近期目标（2025 年）:"成行"

"十四五"期间是全球海洋中心城市建设的起步阶段，需要尽快行动起来，打好基础，巩固海洋传统优势产业，培育海洋战略新兴产业，初步形成产业结构合理、创新能力突出的现代海洋产业体系；海洋科技创新机制构建逐步完善，国际海洋高端人才进一步汇聚，海洋科技自主创新能力显著提升，部分技术全球领先；陆海统筹联动基本形成，海洋生态文明建设及绿色发展位居全国前列，海洋城市文化特质更加鲜明；对外合作取得积极成效，深港海洋协作纵深推进，在粤港澳大湾区海洋事务中发挥引领作用，在国际海洋事务中的参与度不断扩大；海洋综合管理水平国内领先，全球海洋中心城市建设取得初步成效。

2. 远期目标（2035年）："成形"

2026—2035年是全球海洋中心城市建设攻坚阶段，这一阶段在"十四五"期间打好的基础之上全面发力，全球海洋中心城市显现雏形。基本建成国际航运中心、蓝色金融服务中心、海洋战略新兴产业高地；海洋经济发展水平全球领先，海洋科技核心技术取得重大突破，自主创新和成果转化应用取得重大进展，成为全球海洋领域科技创新策源地；成为绿色发展和海洋生态文明建设领域的国际标杆，成为全球海洋治理重要参与者，初步建成具有竞争力、创新力、影响力的全球海洋中心城市、社会主义海洋强国战略的城市范例。

3. 远景展望（2050年）："成型"

2036—2050年，在海洋经济、海洋科技领域的优势不断巩固，海洋文化和全球海洋治理的软实力不断增强，全球海洋中心城市建设高歌猛进，海洋综合实力及全球影响力达到世界一流水准，成为引领全球价值链、共塑海洋命运共同体的海洋城市发展典范。

3.5 重点方向及发展路径

在发展目标的引领之下，结合全球海洋发展趋势和深圳自身的基础条件，有所为有所不为，明确六大战略作为深圳建设全球海洋中心城市的重点突破方向。一是从国际航运网络出发，打通内外循环，打造国际航运中心及高端服务中心。二是从海洋科技维度出发，创新驱动发展，强化海洋科技人才战略力量。三是从海洋经济高质量发展出发，引导产业下海，加速培育和壮大海洋新兴产业。四是从彰显海洋文化，践行绿色发展维度出发，引领绿色转型，促进海洋资源保护与可持续利用。五是从深圳对外合作维度出发，深化对外合作，积极参与全球海洋治理。六是从实施保障维度出发，融合陆海空间，构建海洋综合管理体制，为深圳海洋事业的发展提供了空间和制度保障。

3.5.1 强"链接"，打造国际航运中心及高端服务中心

随着全球几次大的产业转移，目前乃至未来很长一段时间，亚太地区都将成为未来世界贸易的重心。深圳应抓住这一历史机遇，通过港口物流和航运服务的发展提升自身对全球贸易的网络链接作用，构建全球航运服务核心和引擎，建构内外双循环枢纽。

深圳应高标准建设国际航运中心，推进港口联运和运营的全球化布局，通过在"一带一路"国家及欧洲、非洲等地区布局港口，不断优化物流网络，打造为全球航运服务节点枢纽。积极鼓励全球头部航运服务机构在深圳设立区域总部，鼓励企业在"一带一路"国家推广"母港 + 园区"的建设模式，从单纯的商品输出转向模式及服务输出，实现资源获取、生产和销售的本地化，并提供完善的园区管理服务体系。组建五星红旗邮轮和汽车滚装船等特色船队，培育船舶管理和检测认证等服务，推进船舶融资等航运金融服务，以及船舶登记制度创新。

建设深圳国际海事法律服务基地，提升专业航运仲裁服务水平。争取跻身世界港航指标评比前列。推动设立国际海洋开发银行，鼓励金融机构成立专门的部门对海洋企业和产业提供更加专业的服务，加速构建多元融资体系。搭建海洋资源领域的交易平台，逐步提升全球海洋市场话语权。

3.5.2 搭"平台"，强化海洋科技人才战略力量

海洋科技是大国竞争的焦点。我国海洋科技一直呈现"北强南弱"的态势，特别是针对应用端，海洋科技成果向市场转化较困难，一些海洋关键核心设备存在被"卡脖子"风险。面对未来南海开发的巨大科研需求，深圳应首当其冲担当起国家海洋科技创新的尖兵，依托自身的科技创新优势，推动深海关键技术攻关，促进关键核心设备的国产化进程，成为未来海洋科技创新的领头羊。

以科技应用需求为牵引，打造世界一流的海洋科技成果转化与应用服务平台。高标准建设"海洋大学 + 深海科考中心"，形成双龙头牵引。瞄准大科学装置及国家自主技术设备的应用需求，完善海洋综合试验场、全球海洋大数据中心等国家级海洋科技基础设施。通过开放的政策优势，完善多主体联合创新机制，拉动全球重大科研工程项目在深圳实现转化示范，政府为全过程提供高质

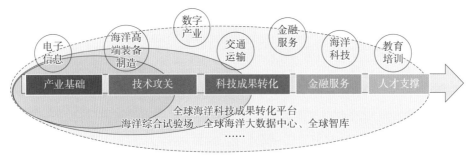

图3-1 海洋科技成果转换平台示意图

量的科技服务，打通"产学研用"全过程创新生态链（图3-1），推动将具有自主知识产权的海洋技术转化为国际标准，增强海洋话语权。加强对高端海洋人才的培育及引进，打造全球海洋人才母港。构建"海洋大学＋特色学院＋蓝色职校"的海洋特色高等院校人才培养体系，倡导建立大湾区蓝色职业联盟，加强与世界一流大学和海洋机构的精准深度合作。设立海洋专项人才计划，鼓励海洋人才在政企研之间流动。

3.5.3 引"产业"，加速培育海洋产业新业态

深圳海洋事业的发展最重要问题是缺海洋市场。深圳海洋产业基础薄弱，且海域空间资源有限，难以承载传统大量依赖空间的海洋产业。为了做强做优海洋产业，一方面可以依托自身陆域产业发展基础，引导陆域优势产业向海发展，不断提升海洋产业能级。另一方面需要借助外部资源力量，连接全球，不断拓展海洋经济新业态，努力建设成为全球海洋经济网络中枢。

深圳可重点聚焦海洋战略新兴产业，充分发挥数字信息技术优势，以应用场景为牵引，布局相关研发、孵化、设备测试平台设施，突破相关核心技术，赋能海洋产业发展。支持电子信息企业向海洋领域拓展，加速涉海产品研制和产业化进程，提升高端海洋电子设备国产化水平，突破水声通信、电磁感知、定位识别等关键技术瓶颈。聚焦产业链高附加值服务环节，培育世界一流的海洋工程装备行业龙头，推动海洋高端装备产业向智能化、特色化发展，拓展能源、深远海等多维应用场景，深度参与海洋油气、海上风电、高端修造船等多元产业链，整体提升海洋工程装备技术水平。从装备领域切入，深度参与万亿海上风电产业链。开展海上风电涉及的叶片、芯片、轴承等核心部件研发攻关，实现关键设备国产化替代。开展漂浮式海上风电关键技术研究，提升核心技术

自主可控水平。围绕海上特殊作业需求，加强运维无人机、巡检机器人、清洗机器人等智能装备研发。瞄准船舶建造设计绿色化、数字化、智能化、无人化方向，提升国产化率。围绕海洋公共服务，开发新型智能化海洋观测与监测关键装备。加快高性能海上无人机、无人船的技术研发及产品应用。结合新型技术，探索海上休闲设施、海上漂浮社区等应用场景的装备体系设计和关键技术研发。

构筑海洋生物医药资源获取—技术研发—制品产业化的全产业链条，聚焦海洋药物研发、海洋制品及保健食品开发，扶持培育具有国际竞争力的行业龙头企业。聚焦海洋生物资源的获取与海洋药物筛选环节，建立海洋生物基因种质、活性物质等国家级生物资源库，引进海洋天然产物、菌种库等外部数据库，搭建多类型、综合性蓝色生物基础资源数据平台。鼓励海洋生物龙头企业和科研机构合作，共建海洋创新药物公共服务平台、技术管理平台、中试基地，发展智能超算、生物实测、药物靶点、动物疾病模型等交叉融合的药物筛选及评价技术，加快推动基础科研向科技成果转化和应用，缩短从海洋生物资源到海洋药物上市的研发周期。扩展海洋生物活性物质、精准营养补剂、海洋功能性食品等领域，带动海洋生物产业加速发展。

强化海洋对外开放合作，特别是与东盟、"一带一路"国家在海洋旅游、海洋电子信息、高端装备制造等领域的合作。探索资金共享、市场共拓合作机制，建设南北互动、东西互联、面向深海大洋的"深圳+"特色合作网络，将深圳打造成海洋经济领域合作超级联系人，成为构建新发展格局的重要枢纽和推动国际循环的重要力量。

3.5.4　植"文化"，促进绿色可持续发展

深圳向海而生，7000年前深圳的先民就开始与海结缘，从渔镇到海府到卫所再到现在的湾心都会，文化史累积了不间断的海洋文化印记。深圳40多年，从小渔村发展起来的改革开放精神，敢闯敢试、创新引领、开放包容、追求卓越的多元海洋文化形成了独特的深圳城市气质。新时代，作为"21世纪海上丝绸之路"重要的战略支撑和桥头堡，深圳有机会成为面向海上丝路进行文化交流互鉴的门户，以及联系沿线国家促进区域城市文化发展的核心。深圳需要不断加强海洋文化间的交流与合作，把握区域特征，强化海洋地域同源机制认同，根植人海和谐、绿色健康发展理念，打造中国特色的全球海洋文化IP，不断彰

显东方海洋文化自信。

充分发挥海洋文化包容力，强化制度创新，不断优化邮轮游艇行业的准入环境，引入国际高端海洋文化、体育赛事，综合利用自然人文等全要素资源，增强海洋生活体验，打造世界级滨海旅游目的地。积极推动深港文化融合交流，汇聚国内优质文化资源，培育海洋城市文化品牌和文化价值体系。建设海上丝绸之路"飞地文化"产业化平台，输出代表中国特色的海洋文化产品，积极承担文化传播交流的窗口作用。

全面推进城市绿色可持续发展，为我国碳中和绿色价值再造提供示范。加快低碳能源增效替代，促进绿色能源发展，逐步实现低碳转型。近期扩大天然气利用规模，推动海洋油气开发增储上产，逐步提高低碳清洁能源比例。远期顺应绿色能源革命，大力推动海洋可再生能源替代。前沿布局先进海洋能技术研发与试验示范工程，以海上发电、绿氢产业为重点，抢占技术与产业制高点。大力培育由发电（风电等）—转化储能（氢等）—利用组成的海洋新能源全链条产业集群。推进以海上风电为主的绿色能源发电产业体系，高标准建设深汕红海湾海上风电产业示范基地。

积极开展核电与海水淡化、海上光伏、波浪能、潮汐能、温差能等技术研究，推动先进海洋能研发、设计、施工、运维等环节技术转化和产业化进程。结合先进储能技术的研发应用，探索发展绿氢产业链，促进"海水制氢—储氢—运氢—用氢"技术研发与产业化发展。推进绿氢产业与海上发电融合发展，推进海上风电制氢示范应用。探索离岸能源子系统前沿技术研发，加快可再生能源耦合电力系统技术开发，提高发电并网调节能力和电力设备的利用率。同时，在海洋生态空间建设、海洋安全防护等方面，建立国际典范和可持续发展先锋，建设城海互促、人与自然和谐共生的全球海洋城市文明示范区。

3.5.5 促"共赢"，探索全方位合作新模式

构建"海洋命运共同体"要求中国要积极履行国际责任义务，努力提供更多海洋公共产品。目前我国在对外合作关系中面临西方国家各种阻力，深圳自身开放包容的市场环境，可以利用去政治化的手段，吸引活跃的民间组织参与，连接友好城市，拓展对外合作关系。同时，深圳自身涉海资源有限，也需要积极谋求与不同领域，不同城市间的协同合作，才能支撑全球海洋中心城市战略目标的实现。

深圳市应聚焦深港合作，探索航运服务、蓝色金融、海洋科技等多领域、多维度的深港海洋合作场景，推动深港涉海投融资、人员货物通关、涉海行业标准方面规则对接。探索飞地合作机制，打造面向南海的产业发展带（图 3-2）；联动海南自贸港建立南海开发综合保障服务基地。积极开展国内合作，引进国家级涉海战略资源，将深圳打造为国内海洋科研应用与市场转化平台，推动与相关城市的海洋产业链、创新链的跨域整合。

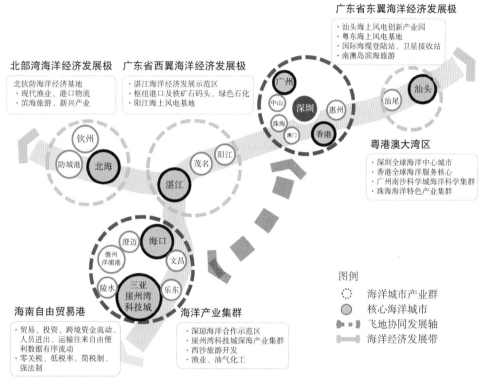

图 3-2　环南海海洋产业发展带布局

深度参与全球海洋治理。服务国家"21 世纪海上丝绸之路"倡议，以经济合作为纽带，提供深圳服务与智慧，与沿线国家及城市实现共赢发展。着力提高国际领域海洋公共产品供给能力。鼓励涉海企业积极参与制订海洋综合治理等方面的国际行业标准，增强在国际海运领域标准制定、市场议价定价机制建设等方面的能力。依托深圳优势，强化海上信息服务能力建设，建立全球海洋数据国际合作平台。推进国际红树林中心建设，加强国际交流合作。通过举办中国—欧盟"蓝色伙伴关系"论坛、海博会、渔博会等高端展会论坛，建立友好城市关系，进一步提升国际海洋治理影响力和话语权。抓住"联合国海洋科学促进可持续发展十年"重大倡议契机，参与全球海洋领域议程。从海洋科学、环境保护、法律规则等领域制定参与行动路线图，力争国际海洋可持续发展项目、活动落户深圳。鼓励企业、科研院所和金融机构参与行动倡议，加入联合国海洋十年联盟，构建丰富多元的合作伙伴关系。

3.5.6　融"陆海"，构建综合管理新格局

深圳全球海洋中心城市的建设应跳出依赖海域空间的发展思维，在空间资源有限的现实条件下，将海洋思维融入城市综合管理的全领域，不仅局限于以海岸带和海域为空间载体做几片海洋园区，更应在全市产业经济及社会资源布局中，全面融入海洋要素，真正做到陆海融合发展。

空间上构建陆海统筹的空间格局和管理机制。统筹陆海资源，优化要素配置，明确分工协同，构筑"两廊四区"的空间格局和"功能区—重点片区—园区"三级承载加内陆区域支撑的全域发展空间体系（图3-3）。两廊为"广深港"海洋科技创新走廊和"深惠汕"海洋产业发展走廊。以前海扩区为契机，战略联动广州、香港地区，依托珠江口东岸陆海区域，以海洋新兴产业、海洋现代服务业为重点，引导科技创新、高端服务要素集聚，形成"广深港"海洋科技创新走廊。依托盐田区、大鹏新区、深汕特别合作区、惠州大亚湾陆海区域，东西分别连通粤东及粤西区域，布局海洋科技服务、高等教育功能，发展生物医药、航运、旅游等特色产业集群，形成"深惠汕"海洋产业发展走廊。在空

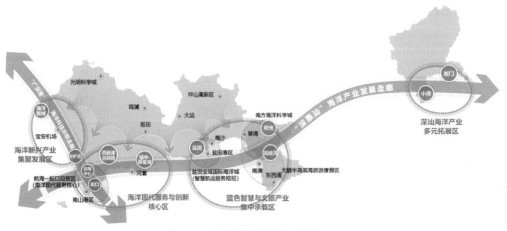

图 3-3　深圳海洋发展规划空间格局

间体系方面以海洋新兴产业集聚发展区、海洋现代服务与创新研发核心区、蓝色智慧与文旅产业集中承载区、海洋产业多元拓展区四大功能区统筹全域发展格局。在四大功能区之下是 11 个重点片区，依托这些重点片区设置海洋产业园区，引导海洋要素聚集，承载海洋发展重点功能；同时，依托内陆区域既有的科技及产业集聚区，加载海洋服务平台，引导海洋事业发展，形成网络化配套支撑。

此外，需要构建与建设全球海洋中心城市相匹配的管理体制。探索建立市、区两级海洋发展规划体系。以"深圳市建设全球海洋中心城市领导小组"为核心形成统筹协调体制。开展全球海洋中心城市指标体系研究，定期对国内外海洋城市经济、科技等多方面发展情况进行比较分析，发布评估报告。通过监测评估不断优化完善相关海洋政策及实施保障。强化海洋专家智库的参与，构建海洋规划及重大事项的决策咨询制度。

第**4**章
海岸带保护与利用规划研究

04
CHAPTER

4.1 编制背景

4.1.1 海洋上升为国家战略，陆海统筹发展需求迫切

党的十八大提出建设海洋强国的战略目标，党的十九大进一步提出"坚持陆海统筹，加快建设海洋强国"，国家"十三五"规划纲要提出"拓展蓝色经济空间"的重要部署，包括"坚持陆海统筹，发展海洋经济，科学开发海洋资源，保护海洋生态环境，维护海洋权益，建设海洋强国"。海岸带是海陆空间交接的"黄金地带"，是城市经济社会发展的核心，也是陆海统筹、人海和谐的重要空间抓手。2020 年 9 月出台的《市级国土空间总体规划编制指南》，明确需要提出海岸带两侧陆海功能衔接要求。《自然资源部办公厅关于开展省级海岸带综合保护与利用规划编制工作的通知》（自然资办发〔2021〕50 号）中明确，省级海岸带规划是对全国海岸带规划的落实，是对省级国土空间总体规划的补充与细化，将有效传导到下位总体规划和详细规划。

4.1.2 深圳成为全国海岸带管理、陆海统筹的重要试点

2016 年 12 月，深圳获批国家海洋局海洋综合管理示范区，提出建设"世界级海洋中心城市"的目标。深圳理应成为海岸带综合管理先行先试的试点城市，是探讨城市快速发展、陆海统筹的典型城市案例。2017 年 5 月，《全国海洋经济发展"十三五"规划》提出，推进深圳建设"全球海洋中心城市"。深圳海岸带肩负着深圳向海发展的重要历史使命。2015 年 11 月在深圳召开的"国家海洋综合管理会议"上，国家海洋局海域司各位领导和与会专家纷纷表示，深圳需要编制海岸带的整体性规划，用以指导未来海岸带的管理和建设。

4.1.3 深圳陆海机构改革为海岸带综合管理提供了制度保障

2012 年，深圳市海洋行政主管部门与规划国土主管部门合并，在全国率先实现规划、国土、海洋管理三合一，建立了陆海统筹的体制机制平台。基于对海岸带空间重要性和问题的充分认识，深圳市自 2016 年启动编制《深圳市海岸带综合保护与利用规划》，率先探讨陆海统筹指导下的陆海全域空间规划。规划紧扣国家新一轮国土空间一体规划改革思路，其探索和实践经验也将为国家加强对"山水林田湖草"等自然资源统一管理和保护提供深圳示范样本。

深圳市的海岸带规划是深圳市海岸带地区战略层面的综合性规划，是指导海岸带陆海统筹资源开发、生态保护、港口建设、产业发展、空间布局的纲领性文件。

4.2　海岸带综合管理范围研究

4.2.1　海岸带定义

海岸带指的是现代海陆之间正在相互作用的地带。《海洋大辞典》对海岸带的解释为："海岸线向陆、海两侧扩展一定宽度的带形区域，即海洋与陆地的交接地带。"也就是每天受潮汐涨落海水影响的潮间带（海涂）及其两侧一定范围的陆地和浅海的海陆过渡地带（图 4-1）。海岸带的范围世界各国并非一致，差距较大，一般可分为狭义和广义两种：

（1）狭义的海岸带：仅限于海岸线附近较窄的、狭长的沿岸陆地和近岸水域。

（2）广义的海岸带：它向海扩展到沿海国家海上管辖权的外界，即 200 海里专属经济区的外界，向陆离海岸线达 10km。包括了部分风景优美的陆地、滩涂、沼泽、湿地、河口、海湾、岛屿及大片海域。

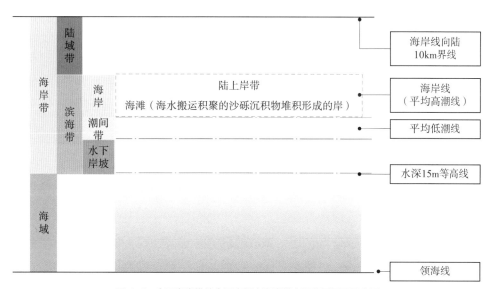

图 4-1　全国海岸带综合调查规定海岸带空间范围平面示意图

本次规划认为，海岸带应该包括三部分：一是陆域空间，二是海域空间，三是陆海管理分界的海岸线。我国把海岸线定义为平均大潮高潮线。而海岸带的范围一定是陆域和海域交互功能、相互影响最为紧密的区域，应该因地制宜地划定，才能对后续的利用与管理起到有效的作用。在海岸带范围内，陆域空间与海域空间应更加注重两者的相互作用与交流，达到陆海统筹的目的。

4.2.2 国内外海岸带范围划定

国际上对海岸带的管理范围没有明确的界定标准，从通常国际的管理实践角度来看，海岸带和沿海区可以定义为一条宽度不等的海陆相互作用区，其宽度可以从几百米到几公里，甚至从海水和淡水分水岭的内陆地区到国家管辖的外海海域。有些按海岸线向陆 10km 界定，有些按沿海行政边界界定，有些向海按领海基线界定，有些按等深线界定（图 4-2）。

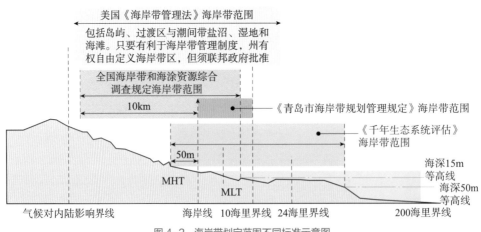

图 4-2　海岸带划定范围不同标准示意图

21 世纪，国家海洋局在近海海洋综合调查与评估中设立了海岛海岸带专题研究，统一将海岸线向陆一侧拓展 5km，向海一侧延伸到 20m 等深线距离规定为海岸带的空间区域。除了国家层面，我国部分省市也相继探索并颁布、出台了海岸带划定的相关管理规定，均以向陆、向海延伸一定范围作为海岸带空间边界，如青岛市海岸带范围包括，海域范围为海岸线往海一侧至第一条主要航道（航线）内边界，陆域范围为自海岸线向陆地一侧至临海第一条公路或者主要城市道路，陆域未建区一般至 1km 等距线；惠州市按海域 1km，陆域按照沿海公路、分水岭划分。

深圳市海岸带空间资源紧张，很多属于城市中心区位的建成区范围。国家和广东省层面海岸带范围划定要求提出的，常规下向海或向陆几公里的海岸带划分方式都难以适应深圳精细化管理的要求。因此，我们结合海岸带综合管理的内涵本质，提出通过分析本市海陆两部分的自然环境和社会经济属性，因地制宜地划定海岸带范围。

4.2.3　海岸带划定原则

深圳市海岸带范围划定遵循界限明确性、环境生态相关性及管理便利性三大原则。

1. 界限明确性

划分边界必须清楚，容易理解，可在地图上明确表示出来。

2. 环境生态相关性

海岸带范围内的环境、生态、资源等要素必须密切相关，各要素同时受到海陆两方面的自然或社会等各种作用影响，这一区域存在陆海交界区域的典型特征，能够反映陆海相互作用的关系。既要考虑海洋的自然属性，也要考虑陆地的社会属性。

3. 管理便利性

海岸带范围的划定应尽可能与深圳经济活动、自然特征、行政区划等相结合，服从经济的辐射区域与管理综合性要求，充分考虑参与海岸带综合管理主管部门中各类管理职能的交叉区域，便于后续陆海统筹管理政策的实施。

4.2.4　海岸带划定影响因素

深圳市海岸带范围按照向海范围和向陆范围进行划定，综合考虑了海域自然环境因子、海域社会经济因子、陆域自然环境因子和陆域社会经济因子等多种影响因素。

1. 海岸带向海范围

1）自然环境因素方面，考虑各级海域自然保护区、人工渔礁和特殊动植物密集区的影响

（1）自然保护区：省级大亚湾水产自然保护区处在近海生态敏感区，与海岸线紧密关联，划入海岸带范围；国家级福田红树林自然保护区，由于红树林

的特殊生长环境,处在近海生态敏感区,与海岸线紧密关联,划入海岸带范围;国家级内伶仃岛保护区,与海岸线距离较远,受近海社会活动干预较小,因此建议不划入海岸带范围;国家级珠江口中华白海豚保护区与海岸线距离较远,受近海社会活动干预较小,因此建议不划入海岸带范围。

(2)人工渔礁:人工渔礁是保护海洋生态环境,增殖渔业资源的重要举措。通过人工渔礁的建设,使重点海域、海湾的海洋环境质量得到恢复和改善,休闲渔业形成规模,可实现海洋渔业资源的可持续利用。人工渔礁与海岸线紧密关联,主要目的是保护近海生态环境,增殖渔业资源,因此划入海岸带范围。

(3)特殊动植物密集区:珊瑚群落、珊瑚礁的功效相当于热带陆域的大片雨林,为多种鱼类提供栖息地,同时还起到防潮固堤的作用。珊瑚礁与海岸线紧密关联,涉及近海生态敏感资源保护,因此划入海岸带范围。

2)社会经济因素方面,考虑港区、航道与锚地,海域养殖区,海洋生物增殖区、排污区的影响

(1)港区、航道与锚地:港区、航道与锚地是陆海交界范围内紧密相连的活动区域,因此划入海岸带范围。

(2)海域养殖区:深圳市海域养殖区分布在东部,如大澳浅海养殖区、南澳浅海养殖区、鹅公湾浅海养殖区、东山浅海养殖区和螺汗角浅海养殖区。这些海域养殖主要利用海岸线向海部分的浅海海域,与岸线浅海区域紧密关联,因此划入海岸带范围。

(3)海洋生物增殖区:深圳东部海域目前设置大鹏半岛西南沿岸浅海及大鹏半岛南部沿海两个增殖区,这两个增殖区与岸线浅海区域紧密关联,因此划入海岸带范围。

(4)排污区:整体上西部海域水质劣于东部海域,其中深圳湾、珠江口主要污染物质为无机氮、无机磷和石油类,大鹏湾、大亚湾主要污染物为石油类。排污区是陆海交界的矛盾点,陆地活动直接影响海域的自然环境,因此划入海岸带范围。

3)其他因素方面,考虑人的景观视角、珠江治导线的影响

(1)人的景观视角:以人的视角从海上看城市,当人与物体的距离超过1219m(4000英尺)时就看不到物体的具体形象,这时所看到的景物就脱离人的尺度,仅保留一定的轮廓。这个范围仅作海岸带范围划定的参考因素。

（2）珠江治导线：1999 年，水利部颁布的《珠江河口管理办法》明确规定了珠江河口治导线是珠江河口整治与开发工程建设的外缘控制线，未经充分科学论证并取得规划治导线原批准机关的同意，任何工程建设都不得外伸。珠江河口治导线为珠江河口防洪安全提供重要保障，发挥重要的约束作用。

2. 海岸带向陆范围

1）自然环境因素方面，主要考虑沙滩、重要地质、植物群落和海水入侵的影响

（1）沙滩：根据《深圳市沙滩专项规划》，由于水动力条件和人类活动等原因，目前，深圳的沙滩几乎全部分布在市域东部盐田以东地区，尤以大鹏新区最为集中。自盐田大梅沙以东，呈串珠状分布着大大小小 50 个沙滩。沙滩是海岸带重要的自然资源，因此划入海岸带范围。

（2）重要地质：根据《深圳大鹏半岛国家地质公园总体规划修编》，公园的地质遗迹保护区规划面积 50.87km^2，划分为一级、二级、三级保护区，其余为自然生态区。将靠近海岸线的近海重要地质资源保护区划入海岸带范围。

（3）植物群落：靠近海岸线自成体系的植物群落，是海岸带生态环境的组成部分，因此应划入海岸带范围内。

（4）海水入侵：根据《深圳市填海工程对海水入侵的影响研究报告（2010）》，西部受到海水入侵较东部严重，由于海水入侵影响城市安全，因此将海水入侵区域划入海岸带范围。

2）社会经济因素方面，考虑填海用地、港口后方陆域和城市道路的影响

（1）填海用地：填海用地属于滨海特殊的用地，对海岸带的自然及社会影响巨大，因此应划入海岸带范围。

（2）港口后方陆域：港口在陆域的功能用地除了码头作业区，还涉及集装箱等货物的仓储及堆放用地需求，拖车等交通工具需要停车场地，而这些港口后方陆域的大小取决于港口的吞吐量及发展规模，既要满足现状港口需求，也要预留未来港口发展的弹性。港口后方陆域属于陆海活动频繁区域，因此应划入海岸带范围。

（3）城市道路：城市路网是城市的基本骨架，为方便管理综合参考近海区域的路网划定海岸带的范围。

具体分类如表 4-1 所示。

海岸带划定影响因素 表4-1

影响因素大类	向海范围划定影响因素	向陆范围划定影响因素
自然环境因素	各级海域自然保护区（包括省级大亚湾自然保护区、国家级福田红树林自然保护区、国家级内伶仃岛保护区、国家级珠江口中华白海豚保护区）	沙滩
	人工渔礁	重要地质
	特殊动植物密集区：珊瑚群落	植物群落
	—	海水入侵
社会经济因素	港区、航道与锚地	填海用地
	海域养殖区	港口后方陆域
	海洋生物增殖区	滨海能源设施
	排污区	城市道路（作为参考因素）
	采沙区	—
	滨海能源设施用海区	—
其他因素	人的景观视角（作为参考因素）	—
	珠江治导线（作为参考因素）	—

本轮海岸带范围划定综合考虑了上述19类影响因素，通过要素叠加分析，划定海岸带综合管理范围（图4-3）。

图4-3 海岸带划定影响因素叠加结果

4.2.5 海岸带综合规划范围划定方案

通过对近海陆域及海域的自然及社会因素分析筛选，最终确定深圳市的海岸带规划研究范围。海岸带范围陆域面积约为 $300km^2$，海域面积约为 $549km^2$，总面积约为 $849km^2$（图 4-4）。

图 4-4 海岸带规划研究范围

4.2.6 现状特征

1. 核心区位决定了海岸带的多元发展需求

深圳不但有 $1997km^2$ 陆域，还拥有 $2030km^2$ 海域。深圳海岸线区域也是城市发展的核心区，与其他海岸带以风景旅游功能为主的城市不同，深圳海岸带是人口、资金、科技、信息等要素最为集聚的空间，高密度区域沿深圳河及海岸带地区有明显集聚。未来几大战略发展潜力区，包括海洋新城、前海新中心等区域也将进一步在海岸带地区集聚建设。海岸带自然岸线和人工岸线交错复杂。城市中心区位意味着其功能设置既要满足生态保护和防灾减灾要求，又要满足产业发展和休闲游憩等多样化的功能需求。

2. 分布了众多高生态价值的自然资源

海岸带地区分布了全市最密集丰富的自然生态资源，包括珍稀濒危动植物，主要分布在生态环境完好的大鹏半岛，已记录到的各类珍稀濒危动物 171 种，占该区动物总数 222 种的 77.0%。同时海岸带地区分布 50 处沙滩、多处红树林湿地及珊瑚群落。海岸带地区有大量自然保护区及地质遗址区，包括福田国家级红树林自然保护区、大鹏半岛国家地质公园等。

3. 重大基础设施集聚，城海关系面临挑战

深圳市海岸带分布着机场、口岸、港口、电厂等重大交通及市政设施，包括深圳机场、蛇口港区、盐田港区等，同时近海还分布了众多航道和锚地等海域空间，这些重大基础设施的海岸带空间无法向市民开放共享。从城海关系来看，海岸带的基础设施虽然为深圳提供了重要的发展基础，同时也占用了众多岸线资源和海域空间，近些年来，随着人们对亲海、近海空间诉求的不断增强，保持滨海生活岸线的连续性要求也逐渐增大。重新建构市民共享的城海和谐关系面临诸多挑战。

4.2.7 主要问题

1. 陆进海退，陆海污染防治分离

据统计，深圳陆源污染约占海洋污染总量的 95%，陆域污染物向海洋持续排放加剧了海洋环境压力。全市海域水质东优西劣，特别是受珠江口上游城市排污影响，深圳西部海域水环境长期处于劣 IV 类的水质，水质不宜人体接近。从海水氮磷含量对比分析，西部海域海水氮磷含量（3.4mg/L）远高于旧金山湾及东京湾（0.7mg/L，0.06mg/L），海洋生物多样性不足。虽然近几年深圳开始探索河湾联治，但陆域、海域污染的预防和治理仍相对独立，单一的污染防治效果甚微。

2. 陆海分治，发展功能亟待统筹

从海岸带的功能评价分析，因陆海对岸线资源的不同定位，深圳海岸带成为多种功能相互争夺的集中区域，各种功能之间的冲突近年来越演越烈。东部岸带分布了能源类设施，其特有的安全管控要求与东部发展国际旅游功能存在一定的空间矛盾。同时，生产排放的冷热水也对海洋动植物生态造成一定的影响。西部海域因海水浅、水动力不足，航道需要长期疏浚，海域不具备发展大型港口的条件，目前港城矛盾突出，大铲湾港口功能与前海深港现代服务业合作区定位存在矛盾，深圳河沿岸边防管制与市民亲水诉求也存在矛盾。

3. 缺乏互动，部分城海空间割裂

在城市建设过程中，部分海岸线的滨海道路、建筑等退线不够，导致亲海空间缺乏。因受机场、港口、滨海大型基础设施等的影响，导致部分地区近海但却难以亲海。深圳滨海大道人为地割裂了城区与滨海空间，步行者到达滨海公园只能通过跨越滨海大道的长长的天桥和地下通道，步行舒适感大大降低。

视觉上或物理上割裂了城海空间，阻断了城看海、海看城的景观视线通廊，一定程度上影响了深圳西部的湾区形象（图4-5）。

4. 公共活动体验不足，海洋文化形象缺失

深圳作为滨海城市，市民对滨海的文化认同感一直不足。与国外知名海洋城市相比，深圳海

图 4-5　受滨海大道影响，深圳湾滨海公园步行可达体验较差

上活动未能多元化普及，市民能参与的多为沙滩游憩类活动，虽然近几年来游艇、潜水等活动不断兴起，但都以高端、小众消费为主。特别是西部滨海公园以观海为主，滨海空间活动类型相对单一，海味不足，也导致周末滨海活动大量集聚在东部海域。同时，代表海洋城市形象的标志性文化设施及博物馆等海洋公共文化设施供给不足，海洋城市形象缺失。

4.3　陆海统筹规划思路

4.3.1　项目定位

实现陆海统筹的综合管理是海岸带管理的主要任务。海岸带地区涉及的部门非常多，不同部门在海岸带地区将有不同的诉求，以陆海相互作用最重要的海岸带地区作为研究对象，通过综合性的规划可以实现各部门对陆海空间利用的协调和平衡，规划以解决陆海统筹主要问题为任务出发点，通过规划协调管理矛盾，制定规则，重点管控未来海岸带地区的保护和开发利用等多种行为。

4.3.2　规划理念

1. 以人为本

坚持以人为中心，统筹规划、建设、管理三大环节，以建设全民友好型城市为方向，不断满足人民对海岸带空间及配套服务的全面需求，着力改善和提高民生环境，实现海岸带公共服务的高品质平衡供给，建设智慧城市，保障城市安全，创造海岸带共商、共建、共治、共享的全民开放体系。

2. 绿色共生

立足"海域＋陆域"全域生态空间，加快推进人与自然和谐共生的现代化进程。强化海岸带生态环境保护意识，开发与保护并重，污染防治与生态修复并举，深化资源科学配置与管理。基于海洋环境容量与生态保护需求，以海洋生态环境的可持续利用为出发点，进行陆海经济布局，实现海岸带经济绿色化与可持续发展。

3. 资源统筹

统筹陆海资源配置、经济发展、环境整治和灾害防治，提升优化海岸带功能，推进陆海产业融合，实现陆海资源优势互补、产业互动、协调发展。全面提升陆海综合管理水平，将海洋与城市发展结合，促进城市功能的逐步提升和优化。

4.3.3 总体构思：全要素评估、全空间统筹

以陆海综合管理统筹为重点，以海岸带范围为空间载体，通过全要素评估和全空间统筹实现陆海统筹的规划思路（图4-6）。

技术方法上，国内对海岸带以定性分析为主，本规划则运用GIS平台对陆海大数据进行集成，以定量分析、场景模拟等方式开展了生态价值、安全风险、功能适宜性、风热环境、交通可达性等多维度综合评估，并结合陆海功能相容性对照一张表作为具体的调校标准，成为陆海统筹规划双评价的重要组成内容，可以更为科学地指导用地用海的建设审批。

在统筹要素上，本次规划考虑陆海全空间要素进行统筹，包括基于生态及安全的底线防护，基于产业功能的陆海功能统筹，基于滨海公共空间、配套设施、交通等的空间互通及岸带相关建设管控。通过规划综合评估生态服务价值、灾害风险、城市需求和海岸使用功能适宜性，研究划定不同类型的海岸带发展与保护分区，针对性制定分区发展与保护策略、规划要求和实施计划，探索海陆一体的海岸带规划的科学方法。

4.4 发展目标及总体结构

发展目标：以海岸带作为世界级海洋中心城市建设的引擎，打造世界级绿色·活力海岸带。

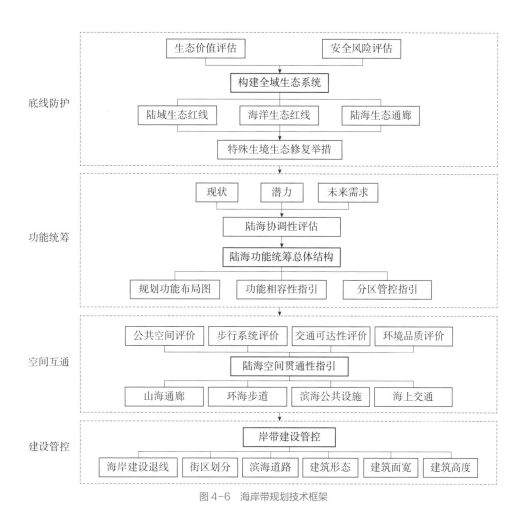

图 4-6　海岸带规划技术框架

从空间上，建构"一带、三区、多单元"海岸带空间结构。以海岸带作为陆海空间耦合的重要发展轴带，开拓城市发展新格局；结合岸带特征，划分东中西三个海岸带区域，塑造差异化的滨海空间风貌；划定多个湾区单元，加强湾区陆海管控，探索编制陆海一体的空间详细规划，从功能布局、配套设施、道路交通等方面综合考虑陆海需求，层层推进岸带陆海协同发展。

4.4.1　依托海岸带，统筹陆海发展新格局

依托海岸带推动城市从陆向海的全方位拓展，将全市 1997km² 的陆域和 2030km² 的海域共同作为城市发展空间统筹规划管理。海岸带将从以往城市总体规划和海洋功能区划编制的空间边界，转变为陆海空间耦合的重要发展轴带，构建陆海全域发展新格局。

4.4.2　塑造东中西三区差异化滨海空间风貌

1. 东部山海生态度假区

东部山海生态度假区指从坝光到沙头角的深圳东部海岸带范围，重点营造听海、乐海的滨海度假胜地及慢、静、雅的滨海生活。东部海岸带应立足资源禀赋和生态优势，切实发挥生态稳定器的功能。生态空间以修复、保育为重点，严格保护沙滩、珊瑚等生态资源，限制工业类岸线及用海使用，保障陆海生态系统完整性，打造东部黄金海岸旅游带。

结合自然岸线资源进行再次开发、提升，进一步拓展海滨休闲旅游功能，大力发展海上运动，推动旅游业全区域、全要素、全产业链的发展。重点发展海洋生物、高端滨海旅游、游艇帆船等优势产业，积极参与全球海洋治理，推动海洋科技研发集聚。探索建构山海城一体化的空间结构，各区域结合自身资源条件、区位交通条件寻求差异化发展，重点优化提升公共配套及交通服务，打造国际滨海旅游度假胜地。

2. 中部都市魅力休闲区

中部都市魅力休闲区指沿深圳河及深圳湾滨海区域。该区段应强化城海交融，营造亲海的生活环境，重点推进滨海公共空间的活力再造，通过增设小型文体设施、休闲娱乐设施，优化滨海公园的品质和活力。沿深圳河区域在城市更新及沿河公共空间设计中需严格执行退线管控要求，贯通滨海步道，形成中部都市亲海休闲活力带。

该区域结合深圳湾、深圳河水环境治理，岸线修复等，进一步提升岸带的生态质量，依托红树林保护区等自然生态资源，植入科普教育主题，建立人与自然和谐共生的都市典范。

3. 西部创新活力湾区

西部创新活力湾区指从蛇口港到茅洲河口所在的深圳西部海岸带区域，应强调城与海的融合互动，促进海洋产业的发展，打造国际化活力湾区形象。重点打造海洋新城、前海新中心两个城市战略节点，集聚发展海洋科技产业、高端信息服务业、海洋智能装备等，打造对外互联互通的重要门户，充分发挥未来粤港澳大湾区的重要引擎作用。

在配套支撑建设方面，通过高标准规划，高标准建设各类高品质配套设施及道路交通设施，合理预留滨海公共空间，引入海洋文化宣传展示、游艇海上活动等，点亮西部活力海岸带，塑造国际化城市滨海湾区。

该湾区规划改造应以环境改善为前提，通过对西部滨海及前海湾岸段进行生态化修复、湾区水环境综合整治等提升湾区环境质量（图4-7）。

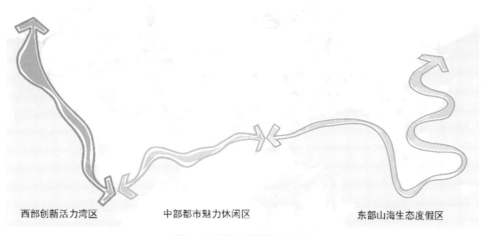

西部创新活力湾区　　　　　中部都市魅力休闲区　　　　　东部山海生态度假区

图4-7　深圳市海岸带总体结构

4.4.3　划定湾区单元，推进岸段陆海协同发展

从判别发展阶段、评估陆海现状、理顺陆海管理机制三个方面出发，对要素进行叠加分析。将海岸带划分为三大类七小类的管控分区，并结合行政区划，形成15个湾区管控单元（图4-8）。

1. 坝光段：国际生物谷

坝光段定位为国际生物谷。该岸段应加强对良好山海资源环境的保护，严控围填海工程，严格保护及修复自然岸线，盐灶村东侧以生态保护为主，减少建设活动，控制人流量，可结合银叶树林湿地公园及山海动植物资源，适度开展生物科普教育活动。

2. 排牙山南段：生态保护区

排牙山南段应加强海洋环境影响监测。由于该岸段海域位于大亚湾水产资源保护区缓冲区内，应严控新的围填海工程建设，提升海岸带环境品质。

3. 龙岐湾段：历史人文展示＋海上休闲

龙岐湾段定位为历史人文展示及海上休闲旅游胜地。推进大鹏所城旅游区升级改造，充分利用大鹏所城及周边历史文化资源，通过对山海城整体空间的

图 4-8　深圳市海岸带湾区单元划分

优化设计，对片区开发总量进行合理限制，创造集文化体验、度假休闲于一体的综合性海岸特色空间。重点结合优良的海湾自然条件，适度缩减渔业用海功能海域，鼓励发展海上休闲活动。同时开展重点岸线和河口的整治修复，保护岸段良好的海洋环境和特有动植物资源。

4. 桔钓沙段：海洋综合保障 + 海上运动 + 科普教育基地

桔钓沙段定位为海洋综合保障、海上运动及科普教育基地。重点开展自然岸线整治修复，落实海岸建设管控要求，清退部分被侵占的沙质岸线，加强沿海岸线珊瑚保育工作。研究开展海洋科普教育，策划动植物资源研习路径，构建自然学习系统，丰富科普教育活动类型与内涵。依托现有资源，发展游艇、帆船等海上运动，增加滨海旅游魅力。

5. 东西涌段：滨海旅游度假 + 高端国际会展 + 生态科普教育

东西涌段定位为滨海旅游度假区、高端国际会展及独特生态科普教育区。利用东西涌优良的沙滩资源，开展适宜的沙滩活动和海上运动，整合提升岸段滨海旅游配套设施，适当开发赖氏洲海岛旅游功能，形成深圳滨海旅游度假新"名片"。综合大鹏半岛国家地质公园景观遗迹及东西涌穿越路线，设置科考路径及安全防护措施，结合周边海域珊瑚礁资源、珍稀动植物资源开展生态科普教育。同时重点开展岸段周边海域珊瑚礁和人工鱼礁养护修复及自然岸线整治修复，维护岸段良好自然生态环境。

6. 鹅公湾—南澳段：滨海人文小镇 + 海洋科普教育

鹅公湾—南澳段定位为滨海人文小镇和海洋科普教育区。重点是对珊瑚礁进行保育修复，严禁对基岩岸线进行人为破坏，保持原有自然岸线的形态。结合南澳渔港提升改造，再造深圳渔文化平台，创造南澳滨海人文小镇新活力。岸段南部海域将建立国家级海洋公园进行重点保护，应注重对海洋公园陆海进行整体设计，优化配置海洋公园的陆域配套设施，在生态保护的同时，将海洋公园发展成为海洋科普教育、宣传的高地。

7. 下沙—沙鱼涌段：多元滨海人文旅游度假区

下沙—沙鱼涌段定位为多元滨海人文旅游度假区。应控制工业岸线的规模，限制新增危险品设施用地。通过湖湾沙滩公园规划建设，提升片区滨海旅游度假吸引力，研究探索海域市场化出让机制；尝试推进新型用海，丰富海洋空间资源利用。同时结合东江纵队爱国主义教育基地、沙鱼涌村改造及渔港激活，开展岸段周边海域珊瑚礁及人工渔礁养护、沙滩修复，塑造多元滨海人文旅游度假区。

8. 溪涌—大小梅沙段：滨海旅游 + 海上运动 + 旅游口岸

溪涌—大小梅沙段定位为滨海旅游和海上运动区等。岸段应严格执行总量控制、退线管控。充分利用小梅沙特有的海域资源，探索新型用海，开展陆海一体综合规划。同时严格保护自然岸线，开展沙滩保护修复工程。公共开放溪涌沙滩，整治修复洲仔岛，适度开展海岛旅游，实施岛岸滨海旅游互动，开展海上运动，增加滨海旅游魅力。布局旅游专用口岸，开通连接我国香港地区和深圳东部的水上航线，带动深港澳水上旅游交通发展，承接港澳邮轮游艇产业外溢效应，促进旅游产业向高端业态转型。

9. 盐田港—沙头角段：科技创新 + 滨海特色小镇 + 港口服务

盐田港—沙头角段定位为科技创新、滨海特色小镇和港口服务。重点结合墟镇食街及周边地区和盐田渔港升级改造特色风情小镇建设，彰显和推广海洋习俗、海洋文化，塑造多主题的文化体验区；建设盐田港后方绕行的公共小径，衔接现有绿道系统，贯通盐田段滨海步道，打造滨海特色小镇。

10. 沿深圳河段：滨水休闲 + 深港科技合作创新区

沿深圳河段定位为滨水休闲和深港科技合作创新区。重点推进深港联动，开展深圳河上下游统筹保护及污染治理；以河套开发为契机，打造深港科技创新合作区。在沿河岸城市更新项目严格按照退线管控要求，保障生态和公共开放性。预留福田河口、布吉河口生态公园及广场等公共空间，贯通滨水步道；

在滨水公园植入爱国主义教育、深港历史人文、自然科普教育等主题，丰富滨水休闲主题内容。

11. 深圳湾段：总部服务 + 文化湾区 + 旅游休闲

深圳湾段定位为总部经济、高端文化和滨海旅游休闲示范区。重点开展深圳湾水环境综合治理，强化深圳湾超级总部基地片区、后海中心区与深圳湾的城海联系，合理布局向海公共空间、视线通廊，打造尺度适宜、服务于全市的湾区文化设施带。优化提升深圳湾滨海休闲带空间品质和活力，丰富公园配套设施；通过人工岸线的生态化处理，软化硬质岸堤，保持岸线形态的曲折和丰富性，支撑岸段总部经济和湾区文化带发展。

12. 蛇口段：国际高端旅游 + 科技服务

蛇口段定位为国际高端旅游及科技服务的多元综合服务区。保持与提升岸段南海油服基地地位，大力推动太子湾邮轮母港的国际高端旅游服务发展，拓展岸段科技服务功能。挖掘蛇口渔港文化，贯通蛇口港东西两侧公共滨水空间，通过山海通廊串联历史人文景点；在滨海道路设计中应强化观海的可视性，道路断面设计及道路绿化种植考虑预留滨海视线通廊；部分港口岸段转型更新应保持岸线形态的多样性及亲水体验，保障岸段高端服务功能定位。

13. 前海新中心段：现代服务 + 公共服务中心

前海新中心段定位为现代服务及公共服务中心。高标准规划及建设前海城市新中心，打造国际化、一体化的湾区形象。该区域应重点加强前海湾水环境治理，结合西乡河西延、前海片区水廊道和前海湾岸线修复整治，强化生态功能。研究沿江高速路前海湾段下沉，改善前海湾景观环境。建设海洋文化地标，对人工沙滩进行选址，增强海上活动体验。依托前海蛇口自由贸易片区发展，建设前海城市新客厅，打造粤港澳大湾区核心。

14. 西湾—机场段：空港物流 + 滨海休闲

西湾—机场段定位为航空物流总部、临空经济产业及滨海休闲功能。重点优化空港功能布局，拓展空港经济发展动能。对部分岸线适当进行软化及生态化处理，通过岸线修复及滨海公园的打造强化复合生态效益。滨海公园打通观海的视线通廊，增加海洋文化体验设施。

15. 海洋新城—松岗沙井段：海洋新兴产业 + 会展经济

海洋新城—松岗沙井段定位为海洋新兴产业和会展经济区。高标准规划建设海洋新城，打造国家海洋经济、海洋生态文明创新发展示范区。强化河海水环境的综合整治,重点修复茅洲河河口湿地、海上田园湿地。对海堤进行生态化改造,提升滨海公园设计品质,实现岸段海洋经济功能与滨海生态休闲功能的协调发展。

4.5 底线防护,构建陆海一体的生态系统

4.5.1 陆海生态保护相关规划要求

此次海岸带规划充分梳理了既往相关规划的生态保护要求,对自然保护区和国家地质公园的总体规划以及相关的保护规划与研究中对于海岸带生态保护的要点进行落实。国家、省市级自然保护区采取分区管控策略,自然保护区侧重保护,辅助教育与科普,非核心区可适度开展旅游活动。相关生态保护规划中提出了重在保住生态底线,兼顾城市发展的分类、分区的管控政策(表4-2)。

相关规划的生态保护要求

表4-2

相关规划类型	名称	批准年份	岸段功能规划	备注
自然保护区规划	大亚湾水产资源自然保护区(省级)	1983 年	大亚湾水产资源自然保护区涉及的海岸带区域划定为生态岸段,以保护为主,适度开展海上观光、海上运动等休闲娱乐和文体活动	自然保护区侧重保护,辅助教育与科普,非核心区可适度开展旅游活动
	广东省内伶仃—福田国家级自然保护区(国家级)	1988 年	福田红树林自然保护区划定为生态岸段,该处海域禁止一切海上运动	
	大鹏半岛国家地质公园(国家级)	2005 年	大鹏半岛国家地质公园涉及的海岸带区域划定为生态岸段,地质公园核心区以保护为主,缓冲区和实践区适度开发旅游功能	
	深圳大鹏半岛自然保护区(市级)	2010 年	深圳大鹏半岛自然保护区位于海岸带规划陆域范围的区域(主要位于坝光片区)划定为生态岸段,加强保护,适度开展休闲旅游活动	
保护规划与研究	《深圳市海洋环境保护规划》	2016—2025 年	将深圳市管辖海域划分为重点保护区、生态改善区、发展协调区、综合治理区四类共21 个管理单元,实行分区管理和单元管理	重在保住生态底线,兼顾城市发展
	《深圳市海洋生态红线划定与管理研究》	2016 年	维护海洋生态健康和生态安全而划定的海洋生态红线区的边界线及其管理指标控制线,用以实施分类指导、分区管理、分级保护具有重要保护价值和生态价值的海域	

4.5.2 陆海生态及安全评估

1. 生态价值评估

识别海岸带陆域及海域中具有典型性、代表性的生态系统以及生态功能相对重要、生态敏感或脆弱程度相对较高的区域。根据海岸带生态系统完整性、维持自然属性和支持生物多样性等需要，将重要生态区域评估分类为生态价值极重要区、重要区和一般区。极重要区包括海洋生态红线区禁止区，陆域基本生态控制区及自然保护区核心区，珊瑚礁、海草床、红树林等特殊生境海洋生态红线区等；重要区包括自然保护区缓冲区、其他海洋生态红线区及特殊生境周边区域；一般区指其他需要生态保护的陆海区域。通过生态价值评估分区，引导海岸带生态系统管控修复和功能布局优化（图4-9）。

图 4-9 陆海生态价值评估图

2. 安全风险评估

重点识别陆域灾害、海域灾害和能源设施对海岸带的影响。涉及海岸带安全的因素包括地质灾害、海水入侵、重大危险设施影响、滑坡、塌陷、地下水降落、海底塌陷等（图4-10）。

4.5.3 构建陆海一体的生态安全格局

解决近海环境与生态问题是海岸带规划的首要任务。虽然深圳在相关管理

图例
海水入侵线
滑坡、塌陷分布区
地下水降落漏斗
海蚀崖

图 4-10　安全风险评估图

政策及规划中已为陆域和海域都建立了生态保护区管控制度，但陆域生态控制线、海洋生态红线所确定的生态空间因保护目标不一而单独设置，导致部分生态敏感性强、整体生态环境脆弱区域，特别是河口这类陆海交界的地区容易发生通道堵塞。因此亟须将陆域基本生态控制线与海洋生态红线进行有效对接，构建全域生态系统。

为了解决岸线侵占、陆海生态连接断裂的问题，规划基于对海岸带地区陆域和海域相关无机环境和生物群落的认识，在遵循陆海一体的研究理念下，构建陆海一体的生态系统，连通陆海生态网络，重点打造陆海生态廊道和陆海生态节点，形成陆海联动的生态安全格局（图 4-11）。

规划通过打造陆海生态廊道和生态节点的方式，将海岸带地区重要生态要素在空间上串联为更为紧密的生态网络。陆海通道打通了各类生态空间，有利于生态空间的水土保持、生物多样性保护等，增强了生态环境的保护能力，让潮间带生物既能顺着河道"上岸"，也能顺着河道"下海"。将陆域基本生态控制线与海洋生态红线进行无缝对接，突出陆海生态空间的融合共生，构建全域生态系统。

我们对待生态底线应有更开放的思维，本次规划强调生态功能并非单一、排他的，生态空间在满足生态可持续性发展的前提下，应为市民所用。考虑人的进入，增加亲海、乐海空间为市民所用，推动蓝色空间与周边绿地及其他公共开敞空间的融合。

图 4-11　深圳市全域生态系统规划图

4.5.4　生态管控与环境修复举措

海岸带规划立足陆海生态安全格局，充分发挥区域绿地和河流水系对陆海生态系统的联络支撑作用，将陆域基本生态控制线与海洋生态红线进行无缝对接，突出陆海生态空间的融合共生，通过综合整治生态绿色空间、修复提升自然岸线、保育海域自然生境、探索河湾联治工程四个方面的策略，构建全域生态系统。

1. 综合整治生态绿色空间

保持生态绿色空间建设规模，持续提升森林、湿地、绿地、河流、自然保护区、自然岸线等构成的生态资产总量。严格控制河流两侧绿色空间范围，保持河流的天然性和完整性，将其作为联络陆海空间的重要生态通廊。合理开展湿地生态保护和景观营造。通过河口整治、植物配置、湿地修复等生态工程防止外来物种入侵，控制与监管外来种的红树林湿地面积；有条件的地区进行人工湿地扩充和重构，适当增加步行活动空间和其他主题元素，丰富湿地的复合功能。

2. 修复提升自然岸线

重点强化对沙滩、滨海湿地等自然岸线空间资源的保护与修复，将全市自然岸线占总岸线长度比例提升到40%（此比例2024年已达41.17%）。严格对自然岸线进行建设后退管控，加强上洞、大小梅沙之间、鹿咀等岸段海蚀岸线和基岩岸线管理。严格控制东部海域工业岸线占用规模，严格限制在片区内新增危险品设施及用地。

3. 保育海域自然生境

加快大鹏半岛国家海洋公园、深圳湾自然保护区两个自然保护区的申报建设。保持自然保护区功能和界限的完整性及视野的开敞度。在自然保护区的外围可划定一定面积的保护协调区，涉及保护协调区内的交通、市政等建设项目的立项，严格执行环境影响评价。

4. 探索河湾联治工程

构建"海域—流域—陆域"海洋环境保护体系，以海洋环境容量为约束建立入海污染物总量控制制度，推动陆域污染源头减排。提高污染排放标准，严格控制污染物排放，完善管网及污水治理建设，污水处理达标后再行排海，从根源解决水污染问题。会同广州、东莞、珠海、中山、香港等地区，完善珠江口联合治理机制，探索深港联治深圳河新模式。

4.5.5　防灾减灾指引

深圳海岸带的灾害防治中，陆域范围需要重点防治各种山体滑坡等地质灾害，海域范围需要重点防治海水入侵、风暴潮及海岸淤积等灾害类型。规划提出的防灾减灾措施主要包括设置差异化防潮标准、推荐软性海堤、加强公共安全风险评估和实施海洋灾害联防联控。

1. 设置差异化防潮标准

强化海岸的安全防护，结合不同区域制定差异化防潮标准。针对台风、海水入侵、风暴潮等风险区域，提出特殊工程建设标准及风险防范措施。对可能造成水土流失的区域应提出水土流失预防和治理的对策和措施。

2. 推荐软性海堤

海堤工程设计应与陆海详细规划进行充分衔接，强调一体化设计，避免太过硬质化的海堤工程。在有条件的区域（特别是西部）推荐采用生态湿地设置和多层自然护堤的方式，利用潮汐水流减少岸线冲刷，从而减缓台风对城市的冲击，同时也能为市民提供更亲水的滨水空间。

3. 加强公共安全风险评估

重点加强赤湾、妈湾、东角头油气仓储区等对海洋环境有重大影响的危险品风险点排查，设立准入制度，使危险品仓储区远离有价值的生态环境资源，准入项目在立项前需进行严格的环境风险评估。

4. 实施海洋灾害联防联控

开展海洋灾害风险评估与区划工作,划定重点防御区,制定差异化、有针对性的风险防范措施,加强沿海灾害的风险隐患排查工作,健全海洋灾害观测预警报体系。合理布局浮标、地波雷达、海床基、海洋环境实时在线监控系统等观测设备,构建集岸基、海基、空基于一体的海洋观测体系网。统筹运用工程减灾措施和生态系统减灾服务功能,提升海岸带地区综合减灾管理能力,构筑海岸带社会经济可持续发展的安全屏障。

4.6 功能统筹,实现岸带利用的协调发展

陆海功能是否协调发展是制约海岸带地区发展的重要因素。海岸带空间是陆地和海洋集中接触和作用的地带,既承担着开发建设的压力,又承担着生态环境保护的责任,是陆海系统各种资源要素流动和交换最强烈的区域。基于陆海统筹的理念,在社会经济发展过程中综合协调区域内陆海的生态、经济和社会功能,引导陆海功能协调布局,充分发挥系统的互动作用,促进陆海经济健康有序发展。

4.6.1 海岸带开发利用现状

现状深圳海岸线全长 260.5km,其中人工岸线占 62%,自然岸线占 38%,生产、生活、生态岸线比例为 31:41:28。海域以港口、锚地、航道等交通用海及能源设施工业用海为主。

陆域建设用地以生产性土地利用功能为主,除道路外,海岸带地区生产及交通设施(交通设施用地、工业用地、物流仓储用地)占比 50.1%(高于全市生产及交通设施占比 37.2%)。

4.6.2 陆海功能协调性评估

基于陆海自然本底、保护要求和现状开发利用情况,对相邻不同类别的区域开展陆海功能耦合性评估。评估后对陆海功能进行优化调整。调整的原则是:海岸带地区陆海相互之间存在一些相互作用,如果作用是有益的就可以继续保留,如果是有冲突的就应该进行协调和整合。例如重点开发型生产空间不应与

保护型生态空间相邻。

从陆向海一侧：大空港区域应注意未来发展的工业主导功能与生态系统需要协调；机场与西乡红树湾片区，主要是航空安全与生态系统需要协调，这里是航空运行的主航道，基本没有调整的可行性，但红树林等生态湿地的植被容易引来鸟类，鸟类的安全飞行高度与航空的限高区域正好叠加，需要在该地区引入一些耐碱性的植物并建设一些驱鸟的设施以减少安全隐患。

从海向陆一侧：深圳河及红树林自然保护区，应注意边防管理和公众亲海的两种诉求的协调；其次是东部盐田港到鹅公湾一带的地区，作为港口航运用海区，有密集的航道和锚地，特别一些危险品专用的航道和锚地限制要求更为复杂，该地区也是沙滩资源最为丰富的地区，所以海港、航运运输、能源生产与娱乐旅游文化、生态植被以及居民滨海生活都需要进一步协调。

4.6.3　功能统筹的思路

必须协调海岸线两侧的陆海利用功能。从海洋的角度重新审视陆地的布局和问题，并结合海洋自身的特点确定海岸带地区的空间布局要素。将陆海放在同一空间内进行考虑，统筹协调好陆海两域的功能布局，即便是各自独立的功能也需要协调好环境关系、城市品质等重点要素（图 4-12）。

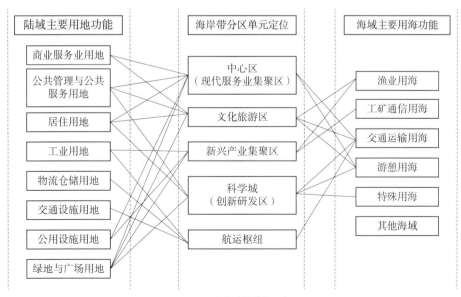

图 4-12　陆海功能统筹示意图

基于深圳东西部差异大的明显特征，根据深圳海岸带沿线地区不同的自然条件、社会经济发展基础及未来城市发展策略导向，对各区域海岸带的发展功能进行策略引导。

4.6.4 落实陆海功能布局指引

结合深圳城市特点，根据不同用地用海类别进行分类比对，提出陆海相容性指引表，鼓励陆海功能互相促进，提升岸带的使用效率，形成整体的岸带发展意向，陆海有冲突的功能应适度调整（表4-3）。

海岸带地区陆海功能相容性对照表　　　　表4-3

用地类型	居住用地	商业服务用地	公共管理与服务设施用地	医疗卫生用地	文化遗产用地	工业用地	物流仓储用地	交通设施用地	公用设施用地	绿地与广场用地	发展备用地	水域、农林和其他用地
渔业用海	○	○	×	×	×	×	√	○	×	○	○	○
工业用海	×	×	×	×	×	√	√	○	○	×	○	×
交通运输用海	○	○	×	×	○	√	√	√	√	○	○	○
旅游娱乐用海	○	√	×	×	○	×	×	○	×	√	√	√
海底工程用海	×	×	×	×	×	○	○	○	○	○	○	○
排污倾倒用海	×	×	×	×	×	○	○	×	○	×	○	×
造地工程用海	○	○	○	○	×	○	○	○	○	○	√	×
海洋保护区用海	×	×	○	×	○	×	○	○	○	√	×	√
军事用海	×	×	×	×	×	○	○	○	○	×	√	○
特殊用海	○	○	○	×	○	○	○	○	○	○	√	√
其他用海	○	○	○	○	○	○	○	○	○	○	○	○

注：有益的√，可兼容的○，有冲突的×。

滨海陆域功能应布局与海域相适应的功能，预留岸线资源，为未来建设全球海洋中心城市提供空间支撑。滨海一线空间除必须临海的赖水性产业及相关

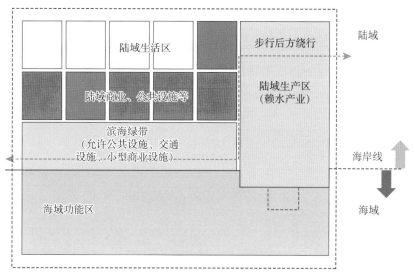

图 4-13　陆海功能协调示意图

生产类功能外，应以商业及公共文化艺术设施等公共类功能为主，尽量避免新增居住功能（图 4-13）。

4.6.5　优化海岸带功能布局

根据陆海相容性相关指引，结合上层次规划相关要求，规划通过对港口用地、锚地用海、渔业用海、科学用海重大项目等的用地用海具体地块进行优化，从而提升陆海利用效益。

港口用地重点对西部大铲湾四期进行港口的城市化转型，规划作为商贸服务职能；蛇口港区部分用地结合邮轮母港功能，转变为邮轮旅游服务及商务办公等现代服务业职能。

锚地用海重点对大鹏湾及大亚湾区域锚地用地进行调整整合，通过整合提高使用效率和区域合作，进一步缩减深圳海域锚地规模，将海域空间更多地留给海上旅游拓展。

渔业用海需进行整合升级，包括对原有渔船进行更新升级，如盐田渔港结合旧城更新弘扬渔民文化，同时结合旅游进行渔业旅游娱乐的拓展；南澳渔港南迁，结合海洋公园开展渔业科普教育。

同时，落实大空港海洋产业集聚区、现代远洋渔业基地及坝光海洋研发等科学用海项目（图 4-14、图 4-15）。

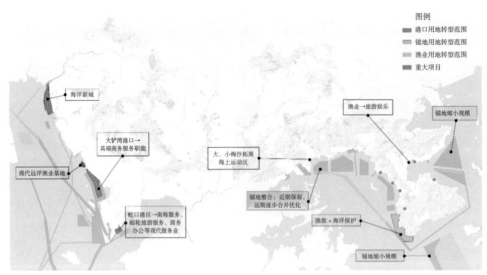

图 4-14　用地用海功能布局调整示意图

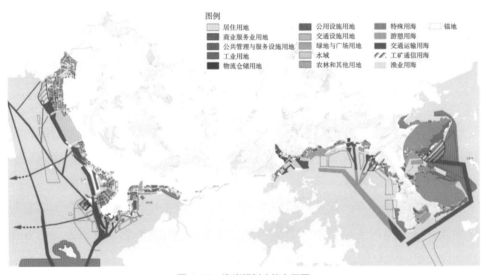

图 4-15　海岸规划功能布局图

4.7　空间互通，营造城海交融的空间环境

4.7.1　陆海空间连通性评价

1. 海岸带公共空间及步行贯通性评价

滨海公共空间不足，难以满足滨海休闲需求。深圳海岸线总长 260.5km[数据来自《深圳市规划和国土资源委员会关于发布我市海岸线修测成果的通知》

（深规土〔2018〕838 号）]，沿深圳河岸线 29km。海岸带范围内的公共空间仅占全市公共空间总面积的 5%，远不能满足市民海滨休闲的需求（表 4-4）。

全市现状"三生"岸线长度占比[①]　表4-4

岸线类型	长度（km）	占比（%）
生活岸线	89.3	31
生产岸线	120.1	41
生态岸线	80.1	28
共计	289.5	100

　　亲水岸线的整体贯通性不足。第一，受机场、港口、边防海关等重大设施的影响，部分生产岸线无法对居民公共开放，市民亲水、观海的体验受阻。第二，受制于各种管理权限的限制，市民难以到达部分滨海区域，如深圳河区域与河相隔近在咫尺，但受海关围网制度管控，市民无法亲水。东部部分沙滩被私有化，例如玫瑰海岸变成婚纱摄影基地，需购票入场。第三，部分尚未开发的自然生态岸线，由于公共交通不便利，市民无法以便捷陆路交通方式达到，如大鹿湾（图 4-16）。

图 4-16　全市现状各类岸线分类示意图

---

　　① 为保持东西部滨海岸线空间贯通的完整性，此处按海岸线与沿深圳河岸线总长度 289.5km 分析。数据来源于 2016 年项目现状勘察，不代表官方数据。

2. 交通可达性评估

利用基于全市路网和交通流数据搭建的交通仿真平台，以5min间隔为标准，分析海岸带区域总体交通可达性。再以60min为界限，分析片区的服务人口比例。评价总体是以海岸线向陆一侧延伸500m为研究对象，模拟全市其他地区抵达该区域的通行时间，识别迫切需要加强对外交通的区域（图4-17）。

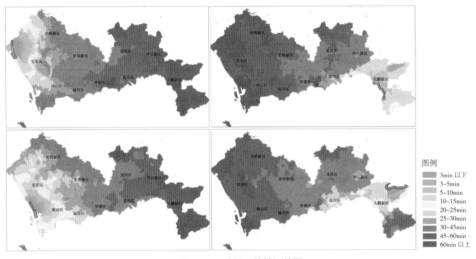

图4-17　交通可达性评估图

3. 风热环境气候评估

通过城市规划优化城市气候，主要考虑改善城市空间在夏季的热舒适度。研究采用城市气候图的方法，基于城市空间热舒适度指标，分析城市环境资源条件和城市建设对于城市气候的影响。在GIS中，以100m×100m网格为单位，通过6个环境因子作为基础图层叠加得到城市热负荷和通风潜力的评价，包括建筑体积值、建筑密度、地形高程、绿地分布等（表4-5），根据对环境的影响用PET（人体等效温度）进行赋值，得到它们对环境气候影响的综合评价，最终形成7个城市气候级别。对于高负压和通风良好的1级区域，应尽量保护和维持滨海空间格局，极高热压和同分极差的7级区域，应采取修补措施改善风热环境。

环境因子评价分析表 表4-5

输出结果	影响	科学依据	输入图层
热负荷	负	建筑物的体量	建筑体积值
	正	海拔和高程	地形高程
	正	生物气候影响	绿地分布
通风潜力	正	城市渗透率	建筑密度
	正	生物气候——冷空气流动	绿地粗糙度
	正	空气团交换与周围环境	开放空间影响度

从以上分析结果来看，在城市建筑密集的地区，在不减少建筑容量、建筑密度等的基础上，只能通过尽量多地安排公共开放空间，提高绿化植被覆盖等办法来提高海岸带区域的微气候环境，提升人体感知舒适度。对高热压和通风差区域提出优化建议，并进一步强化山海通廊的必要性（图 4-18）。

图例
1级：高负热压和通风较好的区域
2级：中负热压和通风良好的区域
3级：低热压和通风良好的区域
4级：低压和通风一般的区域
5级：中热压和通风一般的区域
6级：高热压和通风较差的区域
7级：极高热压和通风较差的区域
风向

图 4-18　风热环境评估分析图

4. 海岸带环境品质评价

1）滨水视线受阻，海滨特色感知不足

滨海道路基本垂直或平行于海岸线进行布局，整体空间形态建构了海与城的和谐关系，但部分滨海空间形态管控不足，滨海岸线的建设地块过大，用地长边平行于海岸线进行布局，遮挡了城市滨海景观的可视感，海景被变相私有化。

图4-19　滨海建筑空间设计管控问题

如下沙万科金域蓝湾住宅区的建筑物对海岸线的私有化阻隔（图4-19）。

2）空间品质有待提升

现状深圳沿岸滨海公园存在部分硬质化岸线设计，影响市民的亲水体验。例如较场尾沙滩海堤设计硬质化，直接阻隔亲水空间体验；西湾公园海堤以大面积简易花坛为主，缺乏亲水空间设计，景观品质一般，在设计细节处理上有待进一步改进。

3）滨海活动类型单一

滨海沿岸市民的公共活动类型过于单一，西部绝大部分海岸带以观海为主，无法近海、亲海，市民公共空间参与体验欠缺。东部海岸带独特的山海景观虽被《中国地理杂志》在2015年评为中国最美八大海岸之一，不少媒体摄制作品也选景于此。但活动体验相对单一，主要局限于沙滩游泳和潜浮等，且受各种生态限制约束较多，致使市民无法真正"乐海"。

4）海洋文化特色不明显

深圳从小渔村开始起步，渔民文化渊源久远。同时因处口岸边界，遗留有三洲田起义以及抗日战争时期代表的遗址中英街界碑、东江纵队司令部旧址，代表了一定时期的海洋文化。改革开放后，城市的演进和发展一直保持着与海的相依相存关系。但海洋文化作为城市文化的重要组成部分并未得到充分体现，部分历史遗址仅停留在保护留存阶段，保护形式单一，与社会发展的融合度较低，展示利用还处在各自为阵的初级阶段，存在很大的提升空间。文化遗产的价值不仅在于对历史文化研究的贡献，还具有纪念、教育、观光、休闲以及延续民俗文化的社会功能。还有大量的文化遗产没有得到有效挖掘、保护和活化利用。

4.7.2　空间互通的思路

建立陆海空间互通才能营造深圳滨海城市特色。结合市民对观海、向海、亲海的不同需求，通过水平和垂直方向的连接将陆海空间全面缝合。从滨海城市设计角度出发，重点关注公共空间、步行系统、视线通廊、公共设施、公共交通等内容。通过增强海上活动体验、彰显海洋文化特色等措施满足市民多样化海洋生活的愿景。不断提升滨海地区的空间品质，营造城海交融的空间环境，形成山海城联动的整体空间格局（图 4-20）。

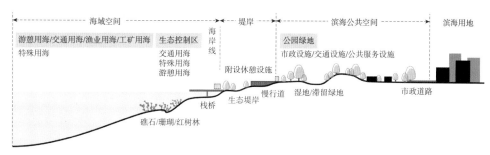

图 4-20　城海交融的空间环境

4.7.3　连通山海绿色廊道

首先，依托入海河流和绿化廊道连通山海绿色廊道，打造全市级的山海绿化通廊，作为观海、向海、亲海的主要公共通道。其次，强化绿廊的非机动车及步行交通系统，设置非机动车服务节点，便于市民亲海活动（图 4-21）。

4.7.4　全线贯通环海绿道系统

结合沙滩、红树林、基岩、人工岸线等不同岸线特质，因地制宜地创造丰富多样的环海绿道体系，体验不同的滨水生活。环海绿道设计尽量在不破坏现有海岸线自然景观基础上，通过湿地小径、海滨广场、滨水绿道、港口后方公共小径、沙滩漫步、登山眺望、丛林穿越等多种方式串联，形成市民亲海的公共空间。环海绿道通过多种方式进行建设，有条件的生活岸段可通过局部新建，生产岸段可通过后方局部道路空间的步行化改造绕行，生态岸段可结合绿道一并设置，形成各具特色的滨海公共空间（图 4-22）。

图 4-21　山海绿化通廊规划图

图 4-22　滨海步行通道示意图

注：图中所示环海绿道和城市绿道仅为本次规划方案设想，与后续深圳市正在开展的山海连城等实施计
　　划可能存在差异。

4.7.5　布局活力共享的海上活动空间

根据东西部海域自然特征和城市功能，适度开展海上活动项目，通过构建活力共享的海上活动空间，丰富市民的海洋生活。

推进公共海滨浴场开放。重点推进溪涌、湖湾等公共海滨浴场的开放及建设。同时，在西部深圳湾、前海湾等地区研究适当增设人工沙滩的可能性。

修复并适度开发海岛旅游。在修复海岛生态环境的基础上，为充分发挥生态的价值，在内伶仃岛、赖氏洲岛、洲仔岛适度拓展旅游及科普教育功能。

因地制宜发展海上运动。东部海域结合各区域洋流特征，设置潜水、帆船、帆板、冲浪等运动区，形成丰富的海洋活动体验。建设游艇公共码头等一批海上运动基础设施，大力举办国际赛事和活动，打造知名、时尚、动感、健康的海上运动高地。

4.7.6　推进岸带公共服务设施建设

修复海洋文化遗迹。充分挖掘大鹏所城、梅沙烟墩、固戍码头等海洋历史资源，通过新建或改造海洋文化旧址、渔港等，对传统海洋文化进行保护和弘扬。近期结合美食文化改造提升盐田渔港。

布局海洋文化设施。结合海岸带海洋文化禀赋与功能定位，打造海洋博物馆、海上科技馆、水族馆、歌剧院等大型公共文化设施，将更多的海洋文化生活引入海岸带。滨海文化设施选址及设计应结合人们对滨海景观的需求及新型用海特点，打造深圳海洋文化新地标。在各滨海公园同步规划文化服务、小型餐饮、社区咖啡吧、书吧、健身设施等公共服务设施，实现"15min 岸带服务圈"全覆盖，完善公共服务和健身服务功能。

新建海洋大学、科研机构。推进世界一流海洋学科建设，创办国际化综合性海洋高等院校。针对海洋产业重点发展领域，引进世界领先的海洋科技力量，建立新型海洋研究机构。

4.7.7　构建联通陆海的一体化公交系统

开展"海上看深圳"旅游项目。充分利用和开发深圳滨海旅游资源，开展"海上看深圳"旅游项目，提升城市知名度。将海运交通纳入城市交通体系，通过开通海上航线及码头，与陆域交通形成联动，让市民及旅游者能通过海上视

图4-23 "海上看深圳"航线已实施

角体验深圳的城市风貌（图4-23）。

构建海上巴士系统。将现有客运码头改扩建为公共码头，包括福永码头、大铲岛码头、内伶仃岛码头、金色海岸码头、南澳双拥码头。增设五个公共码头，包括大空港码头、大铲湾码头、梅沙码头、西涌码头和龙岐湾公共码头，建构海上巴士系统，通过陆海一体化公共交通，提高滨海公共岸线可达性（图4-24）。

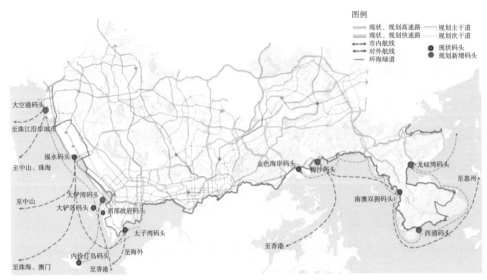

图4-24 陆海一体的公共交通规划布局示意图
注：图中所示码头和航线为本次规划方案设想，与后续实施计划可能存在差异。

4.8　建设管控，缝合滨海特色的公共空间

为进一步协调和统筹陆海功能，在海岸带生态资源保护的基础上，对海岸带海域及陆域提出建设管控要求，重点从海岸建设后退管控、陆海空间控制指引、海域建设管控三个方面提出具体空间管控举措。

4.8.1　海岸建设后退管控

1. 起源及内涵

海岸建筑退缩线是为了规避海洋灾害风险，保护海岸生态资源，保障居民亲海权益，根据海岸特征规定的海岸线向陆一侧禁止建设或限制特定类型建设活动的区域界线，海岸带建筑后退线是海岸带开发建设管控的有效手段。

国际上"退缩地带"最初是出于海岸防护、生态保育和安全防灾目的而划定的建筑物退让距离，在此范围内，禁止私人性质的建设行为（这些国家大多土地是私有制）。在许多国家，"退缩地带"是个公共地区的概念，为此实施了沿海岸线土地公有制。如哥斯达黎加，管辖区为 200m 宽的海洋与陆地区域，法律将这个地带划分为公共地带和有限地带两部分。公共地带专用于公共利用和诸如运动娱乐、港口设施的开发，禁止一般商业开发。在有限地带，开发通过以地方政府制定的法律和规划为依据的许可证制度和特许制度来进行严格控制。

我国一些沿海省市也开展了不同方法的退缩线划定和制度探索，国家"十四五"规划纲要明确提出要"探索海岸建筑退缩线制度"，划定海岸建筑退缩线，对我国海岸带保护和陆海统筹管理具有重要意义。海岸带专项规划将建立海岸建筑退缩线制度列为重点内容，应因地制宜地划定海岸建筑退缩线并明确退缩空间的管控要求，基于海岸的生态安全及公共开放考虑，自海岸线向陆划定海岸建筑退缩线，退缩线形成一定的范围作为海岸建设管控区进行管控。

2. 国内外海岸带"退缩地带"的距离划定标准

尽管海岸建设退缩线在国际上已经被广泛应用，但是退缩距离确定方法和退缩起始基线并没有统一的标准。目前世界大多数沿海国家和地区均有后退线的相关政策和管理规定，后退线距离从 8~3000m 不等，设置后退线的考虑要素重点也有所不同，一般来说，在城市密集区，以人类活动为主的区域，更多考

虑亲海诉求，退后线距离较小，如夏威夷、墨西哥等地，退后距离在 20m 以内；在生态区域，以未开发区域为主的地区，更多考虑对海岸生态资源的保护，设置的退后线距离较大。美国建筑安全退线规定，海岸长期侵蚀区域，以 50 倍长期平均年侵蚀速率的距离作为其后退线距离（图 4-25）。

国家或地区	自海岸线向陆地的退缩距离	
厄瓜多尔	8m	城市型，人类活动为主
夏威夷	12m	
菲律宾（红树林绿色带）	20m	
墨西哥	20m	
巴西	33m	
新西兰	20m	
俄勒冈	永久性植被线（可变）	
哥伦比亚	50m	
哥斯达黎加（公共地带）	50m	
印度尼西亚	50m	
委内瑞拉	50m	
智利	80m	
法国	100m	
挪威（无建筑物）	100m	
瑞典（无建筑物）	100m（一些地方达到300m）	
西班牙	100~200m	
哥斯达黎加（有限地带）	50~200m	
乌拉圭	250m	
印度尼西亚（红树林绿色带）	400m	生态型，未开发区域为主
希腊	500m	
丹麦（无夏季住户）	1~3km	
俄罗斯—黑海沿岸（新工厂专用）	3km	

图 4-25 国际"退缩地带"的划定

美国旧金山湾对岸线向陆 30m 范围的建设进行管控，最大限度保障公共小径的畅通，根据使用程度和使用功能（骑行、徒步、越野或混合功能），公共小径宽度范围为 1.5~5m。美国纽约迈阿密地区滨海建筑退线为高潮位向陆一侧 15m（低层住宅、临海工业退线 6m），滨水绿廊 30~40m 宽，通过一系列小的公园散布连接构成；旧金山湾对岸线向陆 30m 范围的建设进行管控，最大程度保障公共小径的畅通。同时，对各州建设退线进行了立法研究，退线在 6~300m 不等。

我国香港西九海滨公园和文化区由西九公园（规划建设中）、九龙公园（现状）、西九滨水绿廊连接，形成公共空间系统，最宽处 400~500m，最窄处 20~30m（图 4-26）。巴尔的摩市内港退线为 7~20m，部分建筑零退线。

图 4-26 我国香港西九海滨公园和文化区

近些年来，许多省市认识到海岸带保护的重要性，通过立法及规划等方式确定了海岸建设后退管控。一方面为了保护海岸生态环境，省级层面控制的建筑后退范围在 100m 以上，其中，广东省规定了 100~200m 为建筑后退范围，山东省 100~500m 为建筑后退范围，海南省最为严格，通过人大立法确定沿海区域自平均大潮高潮线起向陆地延伸最少 200m 范围内、特殊岸段 100m 范围为建筑后退距离。根据国内外相关案例分析，海岸带"退缩地带"是服务于岸线地区特殊管理需求的特定管理区域，各个地市都通过立法或者详细设计层面进行具体管控，作为各个地方的特定管理区域，存在很大的特定差异性。国外通过不同空间退线能体现出不同的滨海特色，城市中心区域一般退线少，甚至零退线。国内退线一般通过立法或者规划进行强制性规定，相对退线距离较大。国内外主要退缩用途均以公共空间为主，避免私有化趋势。

3. 深圳海岸建设后退线划定分析

海岸建设后退线的划定，一方面要综合考虑海水入侵范围、河口湿地及沙滩退线要求以及市民步行或使用自行车的尺度要求，划定后退线；另一方面要根据海岸带空间差异，综合考虑海岸带不同岸段类型的生态敏感性、功能特点和市民亲海诉求等因素，提出陆域范围内的功能准入要求，通过功能复合满足市民亲海诉求。

根据2017年《广东省海岸带综合保护与利用总体规划》，海岸建设后退线距离为100~200m。结合深圳市海岸带的特殊性，深圳海岸带区域与城市发展相依相存，海岸带是城市发展的重心，拥有中心区位的发展价值。目前除西部海洋新城、前海新中心等区域外，大部分已是城市建成区域，空间资源有限，未来多以存量土地更新为主，滨海地区地块本身不大，可以退让的空间非常有限，难以按广东省100~200m的退让要求执行，深圳需要因地制宜提出自己的退让距离及相关管理规定。根据海岸建设后退管控的内涵，管控的目的主要为保安全、护生态和促亲海。

1）保安全

海岸建设后退主要考虑海岸各项建设活动需要抵御自然灾害侵袭，尤其是避开海岸自然侵蚀带来的安全隐患，在此基础上进一步考虑建构筑物防灾要求。对于深圳而言，目前自然侵蚀较少，主要是沙滩流失、海水入侵变成漫滩，目前通过抬高围填海地坪、建设海堤工程、人工补沙等来解决。

2）护生态

护生态主要考虑划定一定的退让距离以满足海岸生态资源和环境的保护，防止过度贴岸开发造成海岸生态受损。对于深圳而言，主要是针对生态敏感地区，基于生态环境保护的角度设置后退管控范围，以保护动植物栖息地，包括红树林滨海湿地、沙滩、河口湿地等自然岸线，需要划定一定区域进行后退管控。

3）促亲海

促亲海主要考虑保障居民亲海权，避免房地产过度侵占整个岸线。特别是在滨海生活区，重点考虑市民亲海诉求，从人的亲海步行通道尺度、空间形态营造角度开展分析。考虑城市滨海生活需要，按4条自行车道+6条慢跑道+6条步行道进行测算，一般适宜滨海步道宽度为23m左右，但不包括生态隔离、小型商业服务等功能，实际的退线宽度可考虑在此距离基础上增加一些设施及各种活动的隔离区（图4-27）。

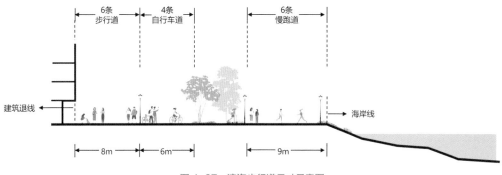

图 4-27　滨海步行道尺寸示意图

4. 海岸建设管控区管控要求

海岸带地区以海岸线为界，向陆一侧划定一定范围的管控距离，形成海岸建设管控区（以下简称"管控区"）。其中，核心管理区向陆一侧划定 35~50m 的管控距离，协调区划定 100m 的管控距离，鼓励有条件的区域扩大管控距离。海岸带地区新建及更新项目应严格落实管控退线要求，已批未建项目宜按管控要求进行方案优化，提高滨海空间品质。

1）核心管理区（35~50m）管控要求

核心管理区包括：沙质岸线向陆延伸 50m 的地带，生物岸线向陆延伸 50m 的地带，其他自然岸线及人工岸线向陆延伸 35m 的地带，深圳河河道上口线向陆延伸 35m 的地带（即在原深圳河蓝线管控范围 25m 的基础上再增加 10m 后退管控范围）。相关规划特殊要求地区，建设后退管控距离可结合城市设计研究及科学论证做适当调整。

在功能准入方面，核心管理区内原则上应以规划及建设公共绿地、公共开放空间为主，除以下情形外，原则上禁止规划及开展各类建设活动：

（1）港口、口岸、码头、机场、桥梁、轨道、主干道及主干道以下级别的道路等道路交通设施；

（2）市政基础设施；

（3）公共服务设施；

（4）小型商业设施；

（5）修船厂、滨海科研等必须临海布局的产业项目；

（6）海岸防护工程及其他涉及公共安全的项目。

2）协调区（100m）管控要求

协调区范围为海岸线向陆延伸 100m 的地带（不包括深圳河沿岸）。协调区内应加强海洋生态安全保护和陆海功能协调，强化滨海公共开放性。新建及改扩建过境干道及高快速道路工程原则上应退出协调区范围，确需穿越协调区进行建设的，应对工程选线唯一性和环境影响进行专题论证。同时，应从城市设计角度对景观及步行环境进行研究，尽量减少对海岸建设管控区内的生态、环境、景观等造成影响。

协调区内建设项目应编制详细规划设计，作为未来规划审批的重要依据。同时，应强化建筑高度及视线通廊的控制。

4.8.2 陆海空间控制指引

根据《深圳市城市规划标准与准则》（2013 修订版），海岸带地区均为一类城市景观区，应单独编制城市设计，作为详细规划及用地规划设计的依据。

1. 滨海街区

道路、建筑等布局应能让更多的市民感受到海的气息，充分体现滨海城市特征。通过利用开放空间、市政道路打造沿水岸公共通道，利用市政道路打通城市与水岸的垂直通道，增加城市内部与滨水空间的视线通廊，加强滨水空间的可视性与存在性，使滨海地区成为城市休闲生活的重要组成部分。

海岸带地区宜划分为小街块进行建设，街块划分时应将短边朝向滨海一侧，滨海一侧宜采用低密度的建设方式，建筑布局宜开敞、通透，应提供在一定范围内连续通达的视线通廊，严格避免建造对景观遮挡严重的板式建筑，宜每隔不超过 75m 设置一条垂直于滨海的视线通廊，每条视线通廊距离地面 24m 以上部分的宽度不宜小于 25m，在 24m 以下部分的宽度不宜小于 15m（图 4-28）。

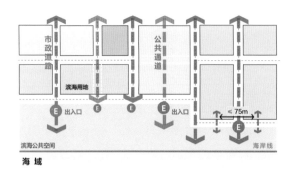
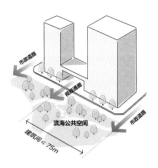

图 4-28　海岸带地区视线通廊示意图

2. 滨海道路

市政道路尽量与海岸线垂直或平行布局。高速公路、快速路、轻轨等大型交通设施在海岸带地区设置时，应从城市设计角度加以研究。交通设施宜采用下沉、高架、隧道等处理方式，保持自然景观地区与自然景观相邻地区之间的联系；挡土墙等护坡设施应尽量降低高度和坡度，利用植物、雕塑等手法进行软化和美化处理（图 4-29）。

图 4-29　海岸带地区滨海道路设计示意图

3. 滨海建筑形态

建筑形态鼓励多元化建筑群，建筑布局宜开敞、通透。鼓励结合自然环境，采用不同的建筑风格，以避免滨海面貌单调。滨海一侧不宜出现大体量的高层联排建筑。建筑高度不大于 24m 时，最大面宽不宜大于 80m；建筑高度大于 24 不大于 60m 时，最大面宽不宜大于 70m；建筑高度大于 60m 时，最大面宽不宜大于 60m。

在片区主导风向上风向的街块应避免采用垂直于主导风向的大面宽板式建筑，建筑间口率（建筑侧向间距与建筑面宽的比值）不宜大于 70%，高层建筑间口率不宜大于 60%（图 4-30）。

4. 滨海建筑高度

建筑高度滨海一侧控制高低错落的建筑高度轮廓。滨海一线建筑高度应控制在一定的合理范围，特别是临机场及红树林保护区等特殊地区，应结合机场限高及鸟类飞行高度进行建筑高度限制。非生态敏感区的开放空间内可设置各种公共建筑及商业配套建设，丰富滨水空间，满足市民游玩及休闲需求（图 4-31）。

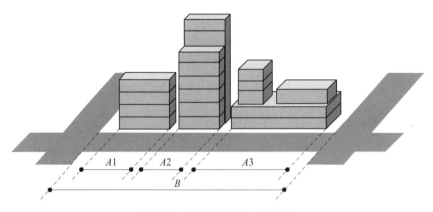

图4-30 海岸带地区间口距示意图

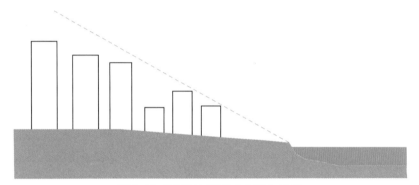

图4-31 海岸带地区建筑高度控制示意图

4.8.3 海域建设管控

海洋建设工程应坚持陆海统筹，符合海洋功能区划、城市总体规划、海岸带地区详细规划以及海域、海岛、海岸线等相关管理文件。用海项目应编制详细规划方案，作为用海项目审批的前提和依据。

工程选址及详细规划应在保证生态安全的前提下，充分考虑潮汐、波浪、防灾减灾等海洋因素，分析工程选址与周边用海用地的关系，包括功能协调、交通衔接、市政配套、空间景观协调性，科学确定位置、宗海范围、用海方式、功能布局、建设总量、配套设施、环境保护措施等。

工程建设期间需采取有效措施避免污染物向四周大范围扩散；实施海洋生态修复及补偿机制。

鼓励海洋工程建设研究探索新型用海，创新海洋资源利用方式。

4.9　陆海统筹管理平台

4.9.1　建立综合管理机制

海岸带涉及管理部门多，同一空间内多个事权管理主体，急迫需要搭建统一的决策管理平台，综合协调海岸带地区规划设计、规范编制、项目报建等工作，形成多部门协商、共商机制，有效地推动陆海统筹发展。

区域层面，针对珠江口联合治理等问题，需建立协商机制，构建统一的环境保护及治理政策，推动陆海联合动态监测和治理。

4.9.2　推进立法，健全技术保障

推动研究《深圳市海岸带管理办法》，对海岸带环境保护、规划管理、资源利用等进行统一立法，研究制定海岸带资源配置、工程建设审批等政策，规范海岸带保护与利用等行为，开展海岸带环境保护法制建设，强化对海岸带、海洋生态红线等的监督管理。

同时，为推进海岸带地区详细规划的编制和实施，需要深化研究海岸带地区规划建设管控规范和技术指引，包括陆海功能分类、配套设施、公共空间等的衔接要求和技术导则。

4.9.3　完善管理信息平台

借助规划"一张图"信息平台，完善建构陆海一体信息平台，以数据支撑海岸带综合管理工作的开展。定期开展海域资源本底调查，包括海洋环境、海洋水文，海底地形、海洋生物等数据收集整合，全面获取海洋基础数据，提升精细化管理水平，支撑海岸带保护和利用。建立海岸带立体监测系统，实现对海岸带生态环境、使用功能等的动态监测，并形成月报体系，定期发布相关信息。同时依托信息平台进一步完善海洋灾害观测预警报体系，加强沿海灾害的风险隐患排查工作。

第**5**章
沙滩专项规划

05
CHAPTER

5.1 编制背景

《中共中央 国务院关于支持深圳建设中国特色社会主义先行示范区的意见》要求深圳市牢固树立和践行绿水青山就是金山银山的理念，打造安全高效的生产空间、舒适宜居的生活空间、碧水蓝天的生态空间，在美丽湾区建设中走在前列。国家成立自然资源部以来，提出对"山水林田湖草"进行统一管理，也对陆海统筹发展提出了更高要求。深圳作为一个滨海城市，具有丰富的沙滩资源。沙滩作为陆海交界地带的重要空间资源，为海岸的长期稳定提供了基础保障，同时也是陆海统筹发展的重要空间载体。

根据调查，深圳市共有50处自然沙滩[①]，均分布在东部盐田和大鹏地区。在2005年《中国国家地理杂志》的"选美中国特辑"中，大鹏半岛与亚龙湾等国内顶级海滩岸线一同上榜，被评为中国最美的八大海岸。专家的点评是"金黄的海滩与蔚蓝的大海融为一体，最适合的海岸沙滩度假之地"。优质的沙滩资源对于深圳这样的高密度城市来说是一种宝贵的自然资源，它不仅能够带来经济上的直接收益，还能够提升居民的生活质量，丰富城市文化，促进社会和谐，以及在环境保护和可持续发展方面发挥重要作用。

合理开发和保护沙滩资源对于城市的长远发展至关重要。沙滩是深圳旅游业的重要载体和靓丽的城市名片，有助于塑造城市的独特形象，提升城市的国际知名度和吸引力；通过合理规划和管理，沙滩资源可以成为推动绿色经济发展的重要资产；此外，沙滩更是对公众开展关于海洋保护和可持续发展的环境教育的理想场所。但在快速城市化进程中，沙滩的保护与利用也暴露出一定的问题，比如因围垦填埋、海底抽沙、建设侵占等导致部分沙滩被侵占、流失；受海域陆域排污等影响，沙滩环境问题逐步凸显，沙滩浴场管理混乱，安全事故频发等。

沙滩作为重要的滨海资源，是大自然给人类的馈赠，其形成过程需要上百年甚至上亿年，一旦破坏再难修复，必须尽快建立保护及修复制度，保证沙滩资源的长期稳定性和可持续利用。加强沙滩资源的保护与修复，规范沙滩管理，打造高品质的滨海公共开放空间，满足社会公众对美好海洋生活的向往，显得尤为迫切和重要。

---

① 此数据为2021年现状调查数据。

5.2　沙滩现状特征

5.2.1　远离城市中心呈现零星分布

从区位分布来看，深圳市自然沙滩均分布在深圳最东部的盐田和大鹏地区，以大鹏新区最为集中，与福田、南山等城市中心地区有一定距离，交通可达性较低。50 处自然沙滩较均匀地环绕大鹏半岛，沿大鹏湾和大亚湾海岸线呈不连续的零星分布。相邻沙滩之间分布距离较为均质，犹如大自然撒在大鹏半岛的一颗颗美丽珍珠，对于深圳这座特大城市来说弥足珍贵（图 5-1）。

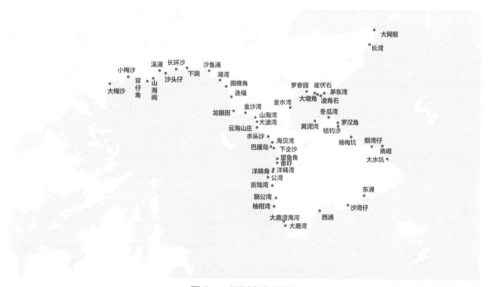

图 5-1　深圳沙滩分布图

5.2.2　沙滩袖珍、面积不大

深圳单个沙滩面积不大（图 5-2），每个沙滩的平均长度为 465m，其中最长的金水湾沙滩，总长超 3400m，由较场尾、龙岐湾等五个沙滩组成，连绵蜿蜒。长度超过 1000m 的沙滩有西涌沙滩、金沙湾沙滩、大梅沙沙滩、湖湾沙滩等，此外还有一些不足 100m 但品质上乘的小沙滩，如沙头仔沙滩等 15 个沙滩。单个沙滩面积超过 50000m² 的有西涌沙滩、大梅沙沙滩、金沙湾沙滩、金水湾沙滩等。面积在 1000m² 以下的小沙滩有细湾仔沙滩、畲吓沙滩等。总体上深圳

图 5-2 深圳沙鱼涌沙滩小巧（左）与三亚沙滩岸线绵长（右）比较

的沙滩相对精巧，缺少连绵数公里的开阔沙滩，远不同于三亚、青岛等城市拥有绵延数公里的大面积开阔沙滩。

5.2.3 沙滩地貌多样，滨海旅游风景各异

这些串联分布的沙滩虽然精巧，却是大自然的珍贵馈赠。在大鹏半岛，秀美的沙滩与基岩峭壁共存，不但有海蚀崖、海蚀平台、海蚀穴等侵蚀海岸地貌，还有极具代表性的巨砾滩、砾滩、沙滩以及潟湖沙坝等海积地貌（图 5-3）。

图 5-3 丰富的地貌

从沙滩与海岸地貌的发育共生情况来看，大鹏半岛西侧海岸以巨砾滩为主，南侧海岸则以海蚀崖居多，东、北侧岬角处则海蚀地貌不发育。海湾处、西侧海岸多为沙滩，南侧海岸除了西涌、东涌两个沙滩—潟湖海岸外也有巨砾滩；东、北侧海岸则为沙滩和砾滩，并且沙滩明显细粒成分较多。

每处沙滩自然条件不一，周边的陆海功能及空间存在差异，造就了不同的滨海风景特色，形成多样化的旅游资源。有的群山环绕，幽静浪漫；有的与基岩峭壁共存，气势磅礴；有的白沙浅滩，村落小镇悠闲惬意。

5.3　沙滩现状问题

5.3.1　沙滩资源流失严重

深圳部分沙滩资源流失，一些围垦填埋让沙滩资源一去不返，比如南澳月亮湾（图 5-4、图 5-5）、坝光等地区。早期的海底挖沙也造成很多沙滩沙子大量流失，礁石裸露，沙滩变小变窄。比如湖湾沙滩与乌泥涌沙滩之间原来是连绵的沙滩，现在两者中间有大约 50m 宽的礁石群，最高的礁石达到 1m 左右，这些礁石原来都是深埋藏在沙滩下面，抽沙导致沙滩流失。

滨海设施、硬质海堤修建等导致沙滩变窄。部分岸线按涨潮潮位修建防浪堤，并未考虑到沙滩的恢复和扩充，硬质岸线逐渐将沙滩的后方范围线固定下来，沙滩无法保留自然形态，硬质加高的岸堤也破坏了海岸线的自然景观。此外，一部分设施直接建在沙滩上，占用了沙滩资源；还有一些炸山开路的废石直接堆放在沙滩上、推倒在周围的海里，沙滩面积小，而废石量大，导致沙滩

图5-4　未开发时的南澳月亮湾（深圳博物馆藏老照片）

图 5-5 南澳月亮湾现状照片

几乎消失，比较典型的就是水产沙滩，已经全部是废石堆放，并已经因为海水的冲刷呈现礁石的形态。

5.3.2 沙滩环境保护问题严峻

对沙滩和周边海域环境的干扰源主要有两种，一是直接用海用滩项目，二是陆源的人类生产与生活活动。海域污染主要来源包括锚地船只排放污染、外来垃圾、赤潮等，特别是锚地船只的污染致使很多沙滩和海面出现明显的油污现象，而石油类污染是最难整治的，需要很长时间修复，给深圳市沙滩参与未来世界级旅游的竞争带来了瓶颈。陆地排污主要来源包括生活、生产污水和面源污染，由于目前沙滩上管线铺设尚未到位，很多沙滩附近的酒店、餐馆都是直排入海，即便有些做了简单的处理，污水仍然无法达到排海的标准，自然对沙滩周边海域产生环境影响。

同时，随着人民亲海热情的高涨，沙滩成为人们争相前往的目的地。区位条件最好的大梅沙沙滩理所当然地成为接纳游客的桥头堡，在管理有序的情况下，蜂拥而至的人流影响的是水质和游玩体验。可是目前游客对海洋的保护意识不强，沙滩垃圾遍地，越来越多的游客反而变成资源的破坏者。而沙滩资源本就十分稀缺，一经破坏便难以修复，这需要公众从源头上树立保护沙滩、爱护沙滩的意识。

5.3.3　管理缺乏统筹，安全意识需强化

各处沙滩管理主体不一，管理权分散，这给沙滩维护、安全保障等造成了一定困难。目前单个沙滩的管理主体包括政府职能部门、街道办、社区股份公司、国有企业、私营酒店等。部分沙滩因沿岸带分别属于不同主体，造成一处完整沙滩由多个不同主体分段管理的格局，如金水湾沙滩全长 3440m，实际管理主体有 5 家。不同主体对于沙滩本底认知不同，沙滩管理理念和目的不同，导致难以形成统一的管理机制，也导致沙滩岸线无法实现步行贯通。同时，市场化管理不足，整体管理水平较低，大部分都仅处于收取门票谋取利益的初级旅游开发阶段。

以沙滩最典型的安全管理和娱乐项目管理为例，沙滩安全缺乏管理规范，难以管控。目前沙滩的安全问题是最突出和难以管理的，包括救生员的培训标准，配套设施的设立、安全管理规范、赔偿机制等基本处于缺失状态，加上游客对海水游玩安全防范意识的缺乏，导致各类安全事故经常出现。据深圳市急救中心 2017 年 5 月的数据，深圳发生了 11 宗溺水事件，其中有 6 宗发生在海滩，且多发生在未明确管理主体的沙滩区域。沙滩娱乐项目隐患突出，沙滩所经营的海上娱乐项目大多无资质、无监管，安全措施不到位。2012 年西涌观光快艇翻船致人死亡事故，2013 年东山摩托艇触礁致人死亡事故，均为无资质经营、安全保护措施不到位酿成。消防隐患难以消除，存在未经审批私自兴建小木屋和提供帐篷居住等现象。

5.3.4　配套服务设施相对落后，旅游同质化且知名度不足

沙滩所在区域大部分位于大鹏半岛，属于城市东部尽端。受各种条件限制，陆域东部交通可达性不足、公交网络不发达，停车位不足、道路通行条件差，特别是周末及节假日道路拥堵严重，大大影响了沙滩旅游的体验。同时市政管网覆盖率较低，50 个现状沙滩中，市政管网未覆盖的沙滩有 31 个，其中属于开放型的沙滩有 8 个。

大鹏半岛的酒店经营水平和档次不高、开发主体弱。配套的酒店以民宿为主，星级酒店稀缺，特别缺乏高品质的私家餐馆、特色酒店。沙滩配套服务

项目单一，部分早期的餐饮、娱乐等配套服务水平较低。

围绕沙滩周边延伸的旅游产品、游乐设施比较趋同，产品设计感弱，主题化深度不够。各处沙滩高度依赖自然资源，除沙滩玩水，难以衍生出其他娱乐、商业、会务等服务需求，无法形成过夜消费，旅游以夏季、周末假期游为主，很难积累全天候的旅游效益。同时，因沙滩分散、景点小而散，品牌竞争力和知名度不足。

5.4 主要规划思路

5.4.1 规划原则

1. 以人为本

坚持以人为本，统筹沙滩规划和管理，以建设全面友好型城市为方向，不断满足人民对沙滩空间的高品质需求，着力改善和提高民生环境，实现沙滩滨海旅游服务的优质供给。

2. 生态优先

坚持对沙滩资源的保护是沙滩利用的前提条件，规划必须遵循生态优先的原则，在保护沙滩资源的前提下进行合理利用，不过度开发资源、不破坏资源，保证珍贵的沙滩资源不消失，能为子孙后代所享用。

3. 陆海统筹

坚持陆海统筹的规划设计原则，结合沙滩及周边陆海条件进行科学评估，合理地分析陆地和海域的现状条件，用以判定沙滩的分类和功能定位，同时结合陆地和海洋管理的方式提出陆海统筹的管理要求。

4. 开放共享

沙滩是国有资源，同时也是社会共同关注的一类空间资源，在规划中应该更加遵守公平开放、共享利用的原则。沙滩规划必须强调沙滩空间的公共开放性，为社会大众各方面人群服务。

5.4.2 规划目标

保护沙滩资源，建立完善的沙滩管理体系，通过不同主题沙滩群的打造，提升滨海度假环境品质，支撑深圳建设世界级滨海旅游度假区。

5.4.3 规划思路

1. 开展评估与分类

对深圳来说，如果要对 50 处沙滩进行精准定位和合理保护，首先要充分评估每处沙滩的自身条件，找出影响沙滩安全性、稳定性等的各类条件因素，通过有效评估明确沙滩保护的要求和前提，筛选出不适宜旅游开发的沙滩。对于可开发的沙滩进一步通过定性定量的评估，从而确定后续具体的利用功能（图 5-6）。

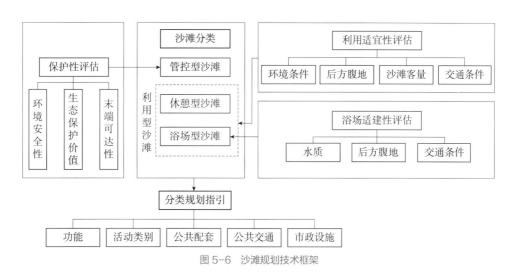

图 5-6 沙滩规划技术框架

2. 建立分类指引和管理体系

针对不同的管理主体，需要建构一套规范的分类管理体系架构。针对不同的沙滩条件及保护利用需求，结合评估分析，进行分类的统筹管理，制定不同类别的规划指引和管理要求，确定每一类沙滩的功能和建设模式，更重要的是将管理责任明确到确切的主体，促进保护利用策略的全面实施。

3. 倡导高品质多样化开发

高品质开发本身也是一种保护的策略，只有好的环境才可以称为高品质，因此高品质既是策略又是目标。根据深圳市不同区域沙滩的特征，采取多样化主题型的开发策略，对各类沙滩实行差异化的主题开发，不断完善各类配套设施建设，创造多种沙滩活动的可能性。

4. 制定重点沙滩规划建设指引

可开发的沙滩并非都要平行式开发，为了有针对性地打造东部旅游区，促进有限的资源流向现阶段更适合开发的沙滩，需要选取重点沙滩进行规划建设指引，指导未来发展与规划。通过以点带面的方式，以重点沙滩的建设管理作为示范，不断积累深圳特有的管理经验。

5.5 沙滩现状评估

5.5.1 国内外沙滩评估指标体系

国际上，沙滩的综合评估主要是对沙滩的整体品质、可开发性等开展整体性量化测评，选取评价因子，建立沙滩质量评价的指标体系。例如，在欧洲和北美，不同国家和地区通过制定一系列标准来对沙滩质量进行评价（表5-1）。

欧洲和北美相关沙滩评价标准及评价因子   表5-1

大洲	评价标准名称	评价标准或因子
欧洲	欧洲"蓝旗"评价标准（Blue Flag Campaign）	水质（5项）、环境教育和信息（6项）、环境管理（10项）、安全与服务（9项），共30项
	英国优秀海滩指导标准（Good Beach Guide）	以水质为主，包含海滩描述、安全、垃圾管理和清洁、海滩设施、滨海活动、公共交通等信息
	英国海滨奖励标准（Seaside Award）	水质、海滩和潮间带、安全、管理、清洁、信息、教育
	英国Glamorgan大学海滩质量标准（Beach Quality Rating Scale）	海滩开发程度及自然类（19个）、生物类（9个）、人文类（21个）评价因子
	马耳他群岛的海滩评价标准（Beach Classification）	安全、水质、设施、海滩周边环境、垃圾情况
北美洲	美国国家健康沙滩质量评价表（National Healthy Beaches Campaign）	水质、沙质、安全、环境质量和管理、服务
	美国蓝色波浪评价标准（Blue Wave Campaign）	水质、海滩和潮间带、危害、服务、栖息地保护、公共信息和教育、侵蚀管理
	哥斯达黎加海滩评价标准（Costa Rica's Rating System）	水质、沉积物、沙、岩石、海滩总体环境、周边区域

在国内，部分滨海省市也曾尝试建立沙滩质量标准体系，多集中在沙滩的综合质量评价上，选取适宜研究区域的评价指标，对所有沙滩质量综合打分。如山东省的日照第二海水浴场、青岛第一海水浴场、烟台开发区海水浴场、威海国际海水浴场都在适宜性评价研究中，选取气候、水文、海水水质以及海滩条件作为评价因子，运用层次分析法，建立了海水浴场适宜性评价的指标体系；

海南省在对海南海甸岛东北部岸段海域的海滩环境质量综合评价中，选取了海滩坡度、风速、波高和潮差等自然要素、海水质量、海滩底质三大类因子，给出每一类因子的评价标准和权重，并进行综合评分对比。目前来说，国内的沙滩评价缺乏对系统评价体系的研究，且缺少对低度开发沙滩的评价。

5.5.2 深圳市沙滩评估方法及指标体系

1. 沙滩评估指标体系

沙滩评估目的是对沙滩的整体品质、可开发性等开展整体性量化测评。本次综合评估因子及其权重参考了"蓝旗"、海岸整洁奖评制度等国外公认的评价体系。最终入选的评价项目包括 8 大类 19 项因子（表 5-2）。

沙滩评估指标体系及评价因子　　　　　　　　　表5-2

评价项目	评价因子
沙滩地貌条件	海滩长度（m）
	平均滩面宽度（m）
	高潮线以上的平均坡度（°）
	沙粒粒径
海域基础条件	海岸线到水深 2m 处的距离（m）
	向海景观
水体环境条件	综合水质
	沙滩或海水中的油污
	漂浮垃圾
周边生物条件	后方植被覆盖状况
	湿地、珊瑚礁等分布情况
安全影响条件	距离危险化学品场地
	保护区范围
后方腹地条件	后方陆域腹地面积（hm²）
	腹地内可用空地（hm²）
交通可达条件	现状 1h 圈覆盖市内人口（万人）
	末端可进入性
旅游服务水平	品牌知名度、游客认可度
	现有旅游配套设施、服务水平

2. 沙滩分类评估方法

本规划评估主要采用 GIS 空间分析方法和 SPSS 统计分析方法，选择各项评估因子进行分析及定量评估。同时，本规划还大量借鉴了国内外关于沙滩旅游价值的有关研究成果，除物理化学指标、交通、旅游服务设施等客观因素外，特别加强了游客自身主观意愿研究成果的应用。

为了更好地了解深圳沙滩的环境现状与适宜开发情况，对沙滩分类规划管理，本规划通过沙滩保护性和开发功能适宜性"双评价"确定沙滩分类。沙滩保护性评价主要基于沙滩的自然资源属性、周边安全因素（如核电、能源设施安全距离等）、生态环境影响（自然保护区保护要求）等，确定沙滩能否对外开放，不开放的纳入管控型沙滩。

开发功能适宜性评价主要针对可开放的沙滩，从沙滩环境条件、后方腹地条件、沙滩容量、沙滩可达性等多项指标进行分析，比对国家海水浴场规范，判别可否纳入浴场型沙滩。不能作为浴场的开放沙滩，纳入休憩型沙滩。

5.5.3 沙滩保护性评估

首先考虑危险性环境、生态保护价值和末端可达性三项因子，对沙滩保护性进行评估。

1. 危险性环境

危险性环境因子主要考虑对沙滩有影响的重大危险设施。经分析，涉及危险设施影响的沙滩共24处。部分沙滩结合安全预评价报告结论[1]，对局部提出限制开放的规定。

2. 生态保护价值

大亚湾海域大部分位于大亚湾水产资源省级自然保护区范围内，根据相关规定，核心区内生态资源保存较好、分布集中的地区，禁止任何单位和个人在其范围内进行一切可能对保护区造成危害或不良影响的活动。因科学研究的需要，必须进入核心区从事科学研究观测、调查活动的，须事先向自然保护区管理机构提交申请和活动计划，并报省主管部门批准。本规划中，桔钓沙、罗汉角、杨梅坑沙滩位于大亚湾水产资源省级自然保护区核心区内，冬瓜湾沙滩位

---

[1] 2019 年 5—11 月，深圳市规划和自然资源局开展了对长环沙沙滩、湖湾沙滩、下沙沙滩三个沙滩的安全预评价，并形成安全预评价报告。因圆礁角沙滩、螺仔湾基于生态保护价值评估列入保护型沙滩，因此这两个沙滩无须开展安全预评价。

于缓冲区内，应以保护为主，根据保护区管理规定，四处沙滩不宜对外开放，纳入管控型沙滩管理（图 5-7）。

图例　■ 核心区　■ 实验区　❋ 缓冲区沙滩　—— 岸线
　　　■ 缓冲区　❋ 核心区沙滩　❋ 实验区沙滩　—·— 地区行政界线

图 5-7　受省级水产自然保护区影响沙滩

此外，本规划的重要目标之一是保护规划区内有价值的生物、生态系统和生境。区内上述生物和生境主要为珊瑚。根据 2017 年深圳东部海域珊瑚礁资源现状调查报告，东部海域珊瑚群落分布面积约 193.73hm²，其中大鹏湾海域拥有 22 个珊瑚群落，分布面积共 47.27hm²，大亚湾海域拥有 15 个珊瑚群落，分布面积共 146.47hm²。虽然相对于世界、亚洲、整个国内珊瑚礁资源分布面积，深圳珊瑚资源量较小，但其环绕东部大鹏半岛近岸海域，是深圳最珍贵、最稀有的生态资源，也是深圳旅游业发展的特色生态景观。除此之外，深圳珊瑚礁资源属于全球高纬度珊瑚，是受全球暖化的珊瑚避难所，在全球珊瑚礁资源保育、科研方面具有无与伦比的价值。

经调查，洋畴角、公湾、吉坳湾、大鹿湾海河、大鹿湾、沙湾仔、大水坑、鹿咀、细湾仔、杨梅坑、桔钓沙、罗汉角、冬瓜湾沙滩等沙滩位于主要珊瑚群落等自然资源保护区周边（图 5-8），部分沙滩后方腹地面积较小，没有车道通达，末端交通受限，不宜有大量人流活动，应以保护为主。

3. 末端可达性

末端可达性因子主要从沙滩利用安全性角度出发，部分沙滩由于地形条件复杂，纵坡大，至今没有车道通达。结合现场考察情况，考虑部分沙滩的交通可达性受限，沙滩难以承载大量人流活动，开发旅游可能存在一定的安全隐患。经调查分析，背仔角、山海间、下洞、圆礁角、龙眼田等沙滩末端可达性受限，难以到达，暂时不具备开放条件，应以现状保护为主（图 5-8）。

综上所述，基于沙滩安全性评估，通过对以上三个因子的分析得出，东部共有 28 个沙滩不宜开发旅游，应作为管控型沙滩进行规划和管理，其他 22 个

图 5-8　受生态、末端可达性因素影响的沙滩分布图

沙滩可作为开放型沙滩供市民开放使用，在 22 个开放型沙滩中涉及安全距离的 3 个沙滩，包括长环沙、湖湾、金沙湾沙滩可部分开放。

5.5.4　开发利用适宜性评估

结合相关规范标准，规划对于 22 处可开发的沙滩适合开发什么功能，重点通过沙滩环境条件、沙滩后方腹地条件、沙滩容量、交通可达性四项指标进行综合评估和分析。

1. 沙滩环境条件

沙滩环境条件包括沙滩及周边海域生态环境、水质等海域自然条件。

水质条件对沙滩游憩价值具有重要意义。研究发现一些涉及游憩安全性和舒适性的自然因素，如沙滩坡度、海浪、海流强度、水温和沙砾粗细等，对沙滩游客的选择没有显著影响。多数沙滩游客非常关注沙滩及水体的清洁度，包括沙子的清洁度，垃圾、污水及碎屑的存在与否。

2. 沙滩后方腹地条件

沙滩后方腹地条件是基于坡度和基本生态控制线，测算可利用的建设用地条件，充足的后方腹地条件可以为沙滩旅游开发提供空间配套支撑。经坡度分析得出 50 个沙滩腹地范围，沙滩共有腹地总面积 18km²，其中拥有最大腹地空间的是西涌和金水湾沙滩，未利用的空地最集中的是下沙沙滩。

3. 沙滩容量

沙滩容量指在可接受的环境质量和游客体验不显著下降的情况下，沙滩所能容纳的最大游客人数。旅游容量为空间容量、设施容量、生态环境容量、社会心理容量和文化体验感知容量五类。对于一个旅游区，日空间容量与设施容量的测算是最基本的要求。

一般对一个旅游景区最基本的要求是对空间容量和设施容量进行测算，对生态环境容量和社会心理容量进行分析。有条件也应对后两个环境容量进行测算。如果上述四个容量都有测算值，则一个旅游景区的环境容量取决于以下三者的最小值：

（1）生态环境容量；

（2）社会心理容量；

（3）空间容量与设施容量之和。

目前国际上对沙滩类旅游地的环境容量进行了大量的研究，得出了大量的基本空间标准经验数值。综合国际上的一般经验，沙滩的基本空间标准在 $5\sim25m^2/$ 人。

根据我国《风景名胜区总体规划标准》GB/T 50298—2018，即浴场水域的人均用海标准为 $10\sim20m^2/$ 人，浴场沙滩的人均用海标准为 $5\sim10m^2/$ 人。本评估采用上述标准计算瞬时容量，瞬时容量结合沙滩浴场的日周转率计算沙滩的日容量（按平均停留时间 2.5h 计）。

本次评估采用的沙滩容量测算中所采用的基本规范如表 5-3 所示。

沙滩容量测算的主要标准		表5-3
项目	下限	上限
浴场水域容量（2m 等深线以内水域）	$10m^2/$ 人	$20m^2/$ 人
浴场沙滩容量	$5m^2/$ 人	$10m^2/$ 人
浴场周转率	4 次 / 日	

评估依据相关标准分别测算了各沙滩的近岸水域容量和沙滩容量。总容量位居前 5 名的沙滩分别是：金水湾沙滩、西涌沙滩、大梅沙沙滩、金沙湾沙滩、湖湾沙滩（图 5-9）。

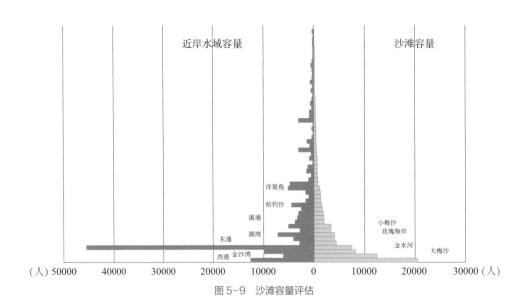

图 5-9 沙滩容量评估

4. 交通可达性

交通可达性是对到达某一目标沙滩交通支撑能力的定量表达方法。本次沙滩交通可达性评估分为现状交通可达性评估和规划交通可达性评估。分别以现状道路网和规划道路网作为评估的基本依据，设定各级别道路的平均有效时速，并在全市范围内对各沙滩进行可达性测算。

交通可达性测算的基本方法是：通过距离成本法对 50 个沙滩的可达性进行测算，并据此划分各沙滩的服务圈，以 1h 服务圈作为对游客具有吸引力的有效服务圈。并对各沙滩有效服务圈内的人口规模进行测算，依据此有效人口规模对各沙滩的吸引力进行排序。依据现状路网对 50 个沙滩进行现状可达性测算，结果表明：在 50 个沙滩中，有效服务人口最多的沙滩是大梅沙，最少的是西涌。

对全市任意地方到达 50 个沙滩中最近的沙滩的可达性分析如图 5-10 所示。

经四个要素的综合评估可知，沙滩整体评估得分比较高的沙滩分别有：大梅沙、小梅沙、西涌、金水湾、金沙湾、东涌、沙头仔、山海湾、水头沙沙滩等。

5.5.5 沙滩浴场适建性评估

国际上一般把 2m 等深线以内海域作为浴场安全水深。考虑到本规划的主要目标是海滨浴场选址，因此采用 2m 等深线作为沙滩综合品质评估的综合因子。经测算，深圳市 2m 等深线以内的海域总面积约 5km²。其中海域面积最大前 5 位的沙滩是金水湾、西涌、金沙湾、大梅沙、湖湾。

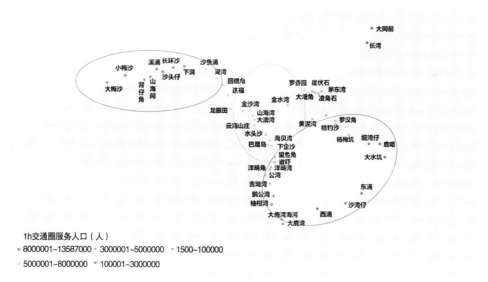

1h交通圈服务人口（人）
· 8000001~13587000 · 3000001~5000000 · 1500~100000
· 5000001~8000000 · 100001~3000000

图 5-10　沙滩现状交通可达性分析图

此外，根据《海水水质标准》GB 3097—1997 和《海水浴场服务规范》GB/T 34420—2017，本规划的海水浴场和人体直接接触海水的游憩用海海水水质执行第一类海水水质标准。根据《海洋沉积物质量》GB 18668—2002，海水浴场和人体直接接触海水的游憩用海沉积物质量执行一类标准。

确定为对外公开的沙滩浴场，则必须符合以下标准：

（1）水条件满足国家浴场评价标准（一类水质）；

（2）后方腹地具备建设配套设施的条件，交通条件好，能建设淋浴房、公厕等服务设施，医务室、警务室、救生台等安全设施；

（3）交通可达性良好。

根据以上条件的评估，参考相关规划功能解读，以及公众咨询中对各沙滩的评价、现场实地调研情况等，可以作为沙滩浴场的沙滩共有 10 处，分别是大梅沙、小梅沙、溪涌、长环沙、沙鱼涌、湖湾、金沙湾、水头沙、西涌、东涌。其余 14 处开放型沙滩不适宜作为沙滩浴场使用，可作为特色休憩型沙滩进行建设管理。

5.5.6　沙滩综合评估结论

综上，结合沙滩安全性评估及综合定量评估，考虑各个沙滩的现状情况及管理诉求，将全市 50 个沙滩分为三大类进行分别管理，其中管控型沙滩 28 个，浴场型沙滩 10 个，休憩型沙滩 12 个（图 5-11、表 5-4）。

图 5-11　沙滩分类名录图

沙滩评估分类汇总[①]　　　　　　　　　　　　　　　　　表5-4

沙滩类型	空间范围
管控型沙滩（28个）	背仔角、山海间、下洞、圆礁角、迭福、龙眼田、畲吓、洋畴角、公湾、吉坳湾、大鹿湾海河、大鹿湾、沙湾仔、大水坑、鹿咀、细湾仔、杨梅坑、桔钓沙、罗汉角、冬瓜湾、黄泥湾、罗香园、大塘角、崖伏石、凌角石、茅东湾、长湾、大网前（长环沙东侧★、金沙湾西侧★、湖湾东侧★）
浴场型沙滩（10个）	大梅沙、小梅沙、溪涌、长环沙★（西侧）、沙鱼涌、湖湾★（西侧）、金沙湾★（东侧）、水头沙、西涌、东涌
休憩型沙滩（12个）	沙头仔、山海湾、大澳湾、云海山庄、海贝湾、巴厘岛、下企沙、望鱼角、洋畴湾、鹅公湾、柚柑湾、金水湾

注：标★的3处沙滩因重大危险设施安全管控需要，仅部分开放，具体开放范围由市规划资源部门
　　确定。在开放前应当采取安全措施管控风险。不开放范围纳入管控，但不计入管控型沙滩数量。

5.6　沙滩分类规划指引

　　沙滩目前存在着管理主体不明晰，缺乏统筹以及相关配套建设较为落后的问题，基于此，明确各类沙滩的规划要求与管理主体。2017年10月，深圳市政府召开会议研究市文体旅游部门提交的沙滩浴场管理办法，提出不仅要规范

---

　　① 　此分类仅代表本规划时期的成果，后续整合至《深圳市沙滩分类名录》（2021年），详见 https://pnr.sz.gov.cn/xxgk/gggs/content/post_9478078.html。后续管理中可结合相关条件改变进行适当调整。

沙滩浴场的管理，也要对保护型沙滩、观光休憩型沙滩进行管理，要求市规划资源部门会同市司法局研究制定全市沙滩资源管理办法，待全市层面的办法出台后再按行业制定相关规范。2022 年，《深圳市沙滩资源保护管理办法》（以下简称《办法》）正式出台。《办法》最大的创新便是实施沙滩分类管理，并且明确地提出了管控型、浴场型和休憩型三类沙滩的管理机制。其中，开放利用的浴场型和休憩型沙滩需要办理海域使用权，管控型沙滩不确权，直接依沙滩名录确定的范围进行管理。关于管理单位，确权主体是管理主体，同时，确权给辖区政府的沙滩，可以由辖区政府委托相关部门管理；在具体的管理措施上，浴场型沙滩，可以按公益性服务收取门票，按照海域详细规划，需在后方设置相应的公共服务和配套设施；休憩型沙滩免费公共开放，可纳入市政公园管理体系，以保障必要的便捷向海通道；管控型沙滩不对外提供公共服务，因军事和安全需要可以对管控型沙滩实行部分或全部封闭管理。未封闭的管控型沙滩区域，保障海岸线公共开放，但不允许开展浴场、露营等公共活动。

5.6.1　管控型沙滩功能指引与管理要求

管控型沙滩应以沙滩保护与修复为主，不得有破坏沙滩生态保护的内容。保护型沙滩应限制人流，保持原有自然状态，作为动植物栖息的海陆生态廊道，不对外开放，禁止下海游泳、捕捞等活动。局部区域可进行部分科研、生物保育等与沙滩保护没有矛盾的活动及项目。严格禁止在沙滩上建造建筑物和设施，限制周边的过度开发，维护沙滩及其周边海域生态平衡，保护沙滩岸线的长期稳定性。在沙质海岸向海一侧 3.5 海里内禁止采挖海沙、围填海、倾废等可能诱发沙滩蚀退的开发活动，航道疏浚等可能引起沙质岸线退化的工程在开工前应进行充分评估。已经受到侵蚀的沙滩应及时退地还沙，并定期开展对受损沙质岸线的修复工作。

1. 管控型沙滩管理单位

沿海各区人民政府负责管控型沙滩的管理，制定管理政策规范并依法确定管理单位具体实施。

2. 管控型沙滩管理措施

（1）管控型沙滩不对外提供公共服务。禁止在管控型沙滩开展浴场、观光休憩等经营活动。

（2）因生态保护或国防、军事需要等可以依法对管控型沙滩实行部分或全部封闭管理，未经管理单位同意不得进入。需开展与沙滩生态保护和安全管控相关的科研、调查等活动的，须经管理单位同意。

5.6.2 休憩型沙滩功能指引与管理要求

休憩型沙滩以观光、休憩度假功能为主，可对外开放观海、踏浪、特色休憩等旅游度假功能，其中以特色休憩为主导功能的沙滩在条件允许下可适当下海游泳，但需在规划活动边界内活动，并做好安全防护警示标志。

休憩型沙滩应结合周边绿道、景观资源条件，进行陆海整体规划及设计，划定骑行、垂钓、水上活动等各类旅游项目的活动边界，并保证互不干扰，并配套必要的安全设施、服务设施等。规划应严格执行海岸带规划提出的50m核心区及100m协调区的退线管理要求，沿沙滩布局滨海公共空间及公共设施，并向市民开放。所有沙滩权属都应收归国有，严格禁止在沙滩上建造建筑物和设施，周边禁止从事可能改变或影响沙滩自然属性的开发建设活动。观光休憩型沙滩应全部免费公共开放，最大限度地满足市民观光休憩的需求。

1. 休憩型沙滩管理单位

沿海各区人民政府应当依法确定休憩型沙滩的管理单位。沿海各区人民政府指定的职能部门可以依申请批准方式办理海域使用手续。

2. 休憩型沙滩管理措施

（1）沿海各区人民政府可以根据实际情况将休憩型沙滩纳入市政公园管理，组织制定休憩型沙滩管理政策，明确管理服务具体规范和安全管理等要求。

（2）休憩型沙滩应当对外免费公共开放并不得收取门票。

（3）休憩型沙滩及其后方陆域应配置必要的公共服务、配套设施以及便捷的向海通道。

5.6.3 浴场型沙滩功能指引与管理要求

浴场型沙滩及周边以浴场功能为主，包括游泳、沙滩游憩等功能。游泳、摩托艇等水上运动应依据规划划定的活动范围，并设置明显标志，保证各活动之间的安全性。严禁占用沙滩建造建筑物和设施，周边禁止从事可能改变或影响沙滩自然属性的开发建设活动。

浴场型沙滩开放前，需组织编制海陆一体的沙滩浴场详细规划。规划应结合安全防护及旅游服务需求，确定沙滩浴场的管理范围、海域及陆域使用功能、配套设施布局、陆域建设要求等。规划应严格执行海岸带规划提出的 50m 核心区及 100m 协调区的退线管理要求，沿沙滩布局滨海公共空间及公共设施，并向市民开放。

浴场型沙滩应建设沙滩浴场信息发布平台和宣传平台，对外公布沙滩浴场的开放时间、开放的活动类型、配套设施、安全知识、气象情况、沙滩浴场管理规定等信息，使公众能够方便快捷地查询。

浴场型沙滩应全部免费公共开放，最大限度地满足市民对滨海浴场的使用需求。

沙滩用于建设海水浴场，除应符合沙滩分类名录外，还须通过申请批准方式或者招标、拍卖、挂牌方式取得海域使用权。

1. 浴场型沙滩管理单位

取得浴场型沙滩海域使用权的主体是海水浴场的管理单位，实际经营可委托管理。市文体旅游部门应当会同沿海各区人民政府结合国家、省海水浴场服务规范等要求，制定本市海水浴场管理服务规范，并依法监督落实。

2. 浴场型沙滩管理措施

（1）海水浴场应当对外开放。收取门票的，按公共文化设施实行政府定价，或根据招标、拍卖、挂牌出让公告和成交文件确定的门票价格执行。

（2）海水浴场应当符合国家或地方海水浴场管理服务相关标准、规范，管理单位应当按照前述标准、规范以及重点海域详细规划的要求，在后方陆域设置相关公共服务及配套设施，划分海上活动分区，在沙滩设置必要的安全救护等设施，配置符合要求的救生人员、服务人员。

3. 浴场型沙滩管理重点

（1）制定沙滩浴场名录：经由主管部门定期开展沙滩综合评估后提出建议，且根据动态实施调整名录。

（2）陆海统筹用地规划：沙滩浴场包括了陆域、沙滩与海域范围，需由主管部门会同规划国土海洋部门划定管理线。控规层面编制详细规划，尤其要加强沙滩后方腹地的规划和设计。

（3）信息发布平台建设：信息发布平台应当公布沙滩浴场管理规定、安全知识以及浴场开放时间等，使公众能够方便快捷地查询。节假日应当滚动发布各个沙滩浴场可接纳人数余额信息。尤其在沙滩浴场采取限制游客人数、限制游览时间等措施的情况下，在台风等恶劣天气、出现赤潮或遭遇污染等情况下关闭时，管理单位应当通过信息发布平台及时向社会公告。

（4）浴场安全责任管理：政府承担行政管理责任，沙滩浴场的管理单位承担运营管理责任。

5.7　高品质多样化开发策略

5.7.1　旅游市场定位

深圳既是全国知名的旅游目的地，又是珠三角旅游集散中心，整体实力较强，入境游客以我国香港地区为主，而旅游国际知名度相对不高；深圳旅游目前以都市观光旅游、人文观光旅游（主题公园）为主，东部滨海生态旅游目前开发水平不够，未来还有很大的提升空间。

深圳提出"国际滨海旅游城市"的定位，另外新口岸建设将加速提升深圳旅游产业，其中南澳旅游口岸的建设将为大鹏半岛旅游带来前所未有的发展契机。

深圳虽然有 50 处沙滩，滨海资源丰富，但沙滩相对小而分散，相对于惠州、珠海的绵长岸线，在滨海旅游度假区开发主题和产品方面更需要强化特色和新意。

目前，梅沙片区已基本完成开发，深圳未来滨海休闲度假市场将逐步向东转移，经过梅沙片区过滤效应和空间阻隔效应，未来到大鹏半岛的客户主要为中高收入家庭、情侣和部分中高端人士。围绕沙滩发展旅游经济，需要针对不同需求寻求差异化发展路径（图 5-12）。

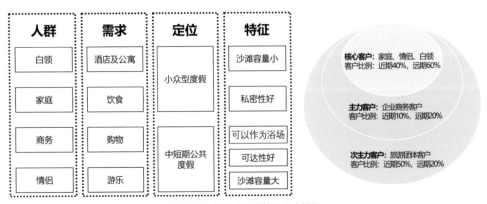

图 5-12　旅游市场定位及需求特征

5.7.2　沙滩旅游差异化功能

结合交通条件和城镇发展特色，参考相关规划定位，提出沙滩总体功能分布呈三层脉络。从北向南分别是都市快休闲、山海慢生活、度假慢体验。

1. 都市快休闲

平日休闲以享受海浪、沙滩、阳光的简单活动为主。因为该段区域交通条件较好，可以更多地服务深圳本地及周边区域人群，所以该区域内面积比较大的沙滩更适合作为城市的公共浴场对外开放。该区域内沙滩主要包括大小梅沙、长环沙、沙鱼涌、金沙湾、金水湾等。其中金沙湾和金水湾沙滩是都市快休闲和山海慢生活两条功能带的过渡沙滩。

2. 山海慢生活

以金沙湾和金水湾沙滩为首，更多地体现大鹏地区别具风格的小镇风情，放慢生活节奏，感受山海带来的养生环境。区域内的沙滩星罗棋布，各有特色，面积较大的桔钓沙、金沙湾、金水湾等沙滩仍然要保持公共开放的属性，但每个区域都应该有不同的建设风情和服务内容。而稍小面积的海贝湾、云海山庄、水头沙等沙滩应充分结合后方陆地的合理使用，建设不同风情特色和主题的酒店，形成酒店群落。

3. 度假慢体验

这个区域是大鹏地区交通尽端的部分，可进入性较差，因此更应该是留下游客的主要区域，进入这个区域就应该放松心情，体验原生态安逸宁静的如画美景，这个区域内有体验渔排文化和特色饮食的鹅公湾，有私密特色的柚柑湾，有未来的国际会议中心，有多家高档酒店和娱乐设施的西涌，以及符合小众需求的东涌。

5.7.3　沙滩附近海域可开展的活动类别

除了沙滩浴场之外，其他海域并非都不允许下水，只是沙滩浴场以游泳为主要功能，并且具备配备各类服务设施的条件。规划参考沙滩水质情况、海底地形情况、海底底质情况、海水动力情况对附近海域可开展的水下活动进行分析。

海域开展的活动包括五大类：踩水游憩、游泳、专业水上运动、专业水下运动、普通水上娱乐项目。

（1）专业水上运动是指帆船、帆板、皮划艇、游艇等专业运动；

（2）专业水下运动主要包括浮潜和深潜；

（3）普通水上娱乐项目包括水上脚踏车、摩托艇、热气球等；

（4）踩水游憩是指能在水边嬉水但不建议下海游泳。

5.8　沙滩配套设施建设指引

除管控型沙滩外，浴场型沙滩、休憩型沙滩均应考虑城市配套设施的供给，不断完善滨海公共空间、公共配套设施、公共交通及市政基础设施服务，提升旅游服务的环境和品质。

5.8.1　公共空间指引

严禁占用沙滩建造建筑物和设施，周边禁止从事可能改变或影响沙滩自然属性的开发建设活动。

浴场型沙滩和休憩型沙滩后方空间布局应严格遵守海岸带退缩线管理的相关标准，结合后方陆域用地进行整体城市设计，沿滨海退缩线范围内规划建设滨海公共空间，结合周边绿道和郊野径规划建设，提高沙滩的可达性，拓展沙滩绿色空间，并尽量保持滨海公共空间的步行连贯性，通过多种方式，构建完整的滨海慢行系统。同时，在沙滩后方绿化种植上，多采用乡土植物进行景观修复，提高景观的可持续性。

5.8.2　公共配套指引

浴场型沙滩需结合周边陆域及海域范围，设置必要的安全设施、公共服务设施、卫浴设施及小型商业服务设施，其中，公共服务设施和小型商业服务设施可结合沙滩后方滨海公共空间进行布局。应在沙滩设置救生台（瞭望台）等安全设施。在海域应结合浴场游泳范围设置防鲨网、救护艇；沙滩以上的陆域应结合滨海公共空间（广场）设置医务室、警务室等安全设施，小型旅游咨询、休憩设施、垃圾箱、公共厕所、淋浴房、洗沙池等卫浴设施，配置接待中心、停车场等服务设施。同时，可结合浴场的旅游定位，设置餐厅、书吧、酒吧等商业服务设施，满足市民多元的服务需求。除必要的安全设施外，以上配套服务设施均不得占用沙滩进行建设。

休憩型沙滩应结合周边绿道、滨海公园、酒店等进行公共配套的统筹安排，配套必要的安全设施、公共服务设施。

沙滩周边公共配套设施布局宜开敞、通透，应提供一定范围内连续通达的视线通廊，严格避免建设对滨海景观有遮挡的板式建筑。配套设施建筑风格应符合该片区城市设计的相关要求。

5.8.3　公共交通指引

沙滩周边旅游开发总体上应坚持交通管理统筹原则，需要在设施建设上同步，更应注重对外交通方式协调和内部交通接驳，通过软硬结合解决交通问题。旅游需求与交通设施应同步考虑，避免投资、客流、服务等不匹配的情形。

（1）削峰填谷策略：通过当地旅游配套设施改善，吸引游客住宿停留，降低交通集中程度。提供丰富多样的游乐及景观场所，配套不同级别的酒店等服务设施，满足多样性需求，重点吸引本地市民停留。

（2）快速公交策略：一方面引入轨道交通系统至葵涌中心区和新大片区，保障东部公共沙滩旅游开发可行性。另一方面在东部沿海高速公路增设公交专用道，缩短常规公交行程时间，形成与小汽车有竞争力的公交系统。根据交通承载能力及客流需求，鼓励开通从市内重要公共交通枢纽直达沙滩的商务快巴或公交快线。

（3）统筹衔接策略：强化交通集散中心功能，提升节点地位。旅游高峰期，采取统筹封闭式管理策略，将外部小汽车全部截留于集散中心，通过公交接驳到达沙滩景点，避免因停车位不足等引起的末端交通拥挤。评估测算停车设施容量，并在内外路网衔接等方面检讨并改善相关规划。同时，在下阶段详细规划中考虑配套公交、出租车场站以及充电桩设施。沙滩改建或提升详细方案中重点考虑微循环道路的规划建设，避免尽端路出现。

（4）压力前置策略：新开放的大型公共沙滩，主要采取完善公交、自行车、步行通道等设施，全面限制小汽车直接进入沙滩区域。除海上项目外，其余游乐、购物、交通配套设施等应与沙滩保持一定距离，避免交通拥挤。

5.8.4　市政供应指引

推进浴场型沙滩、观光型沙滩周边规划设施和管网的建设及完善。结合开发整治沙滩的建设计划和建设标准，加快推进近、中期开发沙滩周边设施和管网的建设,对于规划设施和管网未能覆盖的沙滩应开展管网的接入研究。对于定位高品质的服务型沙滩,应建设直饮水设施为沙滩提供优质服务。

重点加强沙滩垃圾处理设施及污水处理设施的建设和完善。增设垃圾处理设施,建立高标准的垃圾收集、运输体系,各沙滩应摆放分类式废物箱以满足垃圾的分类收集要求。加强污水管网建设,提高污水收集处理率,因地制宜建设分散式中小型污水处理设施。合理设置残油、废油、含油废水、工业和船舶垃圾接受处理设施以及拦油、收油、消油设施。

5.9 重点沙滩规划建设指引——以湖湾沙滩为例

沙滩专项规划编制完成后,选取重点浴场型沙滩湖湾沙滩,编制了湖湾公共浴场及沙滩公园规划,而后又围绕六大重点沙滩编制了重点海域详细规划,提出了沙滩规划建设指引。

以下以湖湾沙滩为例,提出重点沙滩规划建设指引,湖湾沙滩规划定位为"国际级的高品质公共沙滩公园"(图 5-13)。

图 5-13 湖湾沙滩

5.9.1 湖湾沙滩现状概况

1. 基本概况

湖湾沙滩位于深圳市大鹏新区葵涌街道,官湖路以南,毗邻官湖购物中心和官湖角。

沙滩长约 1307m,宽约 30m,沙滩总面积约 40073m²。

沙滩包括"乌泥涌""湖湾"两段。沙滩 0.5mm 粒径沙所占比例高达94.03%,沙质情况优良。

对比 2007 年和 2017 年航拍图发现，湖湾海滩总体趋于两端向海淤积，中间向岸侵蚀的过程。海滩较不稳定，沙滩面宽度较小，饱满度较差；由于滩面呈弱侵蚀状态，波浪较大时存在裂流风险（图 5-14）。

2. 主要问题

（1）交通问题：具备环通型路网，但是交通不够便捷，立交节点有待进一步完善。

（2）配套设施问题：沙滩后方配套设施明显不足，与沙滩游客容量不匹配，难以提供优质的沙滩服务。

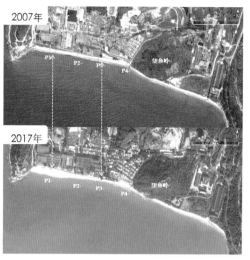

图 5-14　湖湾沙滩航拍图

（3）现状海堤问题：陡墙式硬质海堤在功能上不利防浪，对降低海浪冲击力较弱，同时增加海浪反冲力；市民上下海滩不便捷。景观上导致沙滩与陆域过渡生硬，缺乏人性化的设计（图 5-15）。

图 5-15　陡墙式硬质海堤对景观及亲水影响大（目前此海堤已在规划指导下完成改造）

5.9.2　湖湾沙滩规划目标及原则

规划目标：体现深圳滨海特色，打造"健康、安全、有趣"的国际化高品质的公共沙滩公园。

原则 1：海滩养护，生态优先，健康干净。营造健康、安全、清洁的自然沙滩，良好的植被覆盖，海水干净无污染。

原则 2：陆海统筹，安全第一，避免海洋灾害影响。通过多样有效的措施保护岸区设施的安全，避免遭受风暴潮、海水入侵等海洋灾害的影响，构建安全海岸。

原则 3：以人为本，开放包容，提供多样化的海滩体验。不论是社区居民还是游客，不同年龄段，不同社会背景的人群，都可以在海滩上观光、游憩和运动。

原则 4：创新机制，协同管理，永续利用。不同层级的政府部门、社区、利益相关者以及市民共同管理保护海滩。

5.9.3 湖湾沙滩规划指引

1. 沙滩容量预测

湖湾沙滩同时在园游客容量最高不宜超过 1.6 万人，高峰期 1 天游客量不宜超过 2.7 万人次。

2. 公共海滨浴场范围

位于湖湾沙滩相邻海域，浅水区 0~1.5m 海域 2.1hm^2，深水区 1.5~4m 海域 3hm^2。未来若安全措施管理到位，可考虑开放乌泥涌的海滨浴场。

3. 沙滩养护指引

沙滩养护旨在通过不同的措施减弱波浪动力，以达到维持沙滩稳定，美化海岸环境，增强岸滩抵御风暴潮侵蚀的能力，同时消除裂流危险。通过数学模型进行泥沙运动和岸滩冲淤的影响分析，提出采用离岸堤为主、拦沙堤为辅方案。同时，培育现状原生沙砾海滩植物作为防风固沙的第一道防线（图 5-16）。

4. 公园特色活动策划

沙滩公园应结合湖湾的地理区位及资源条件，与当地的自然人文景观相融合，突出在地文化，满足市民回归自然的愿望以及对公共空间的个性化需求，打造独具渔家文化特色的度假区。

"官湖·渔家文化节"策划：还原当地捕鱼习俗，让游客直接参与，增加游客体验；利用生态型离岸堤打造国内首个海上灯光秀表演区。

"望鱼岭·亲子科普课堂"策划：利用望鱼岭及湖湾海岸带丰富的动植物资源，开设户外动植物科普课堂，增强孩子对大自然的感知和了解（图 5-17）。

5. 沙滩公园配套服务设施

公园配套设施不大于 6600m^2，安全设施不小于 210m^2。卫浴设施不小于 830m^2（卫生间 3 处共 480m^2，淋浴间 3 处共 350m^2）；此外，公园外 1135m^2，

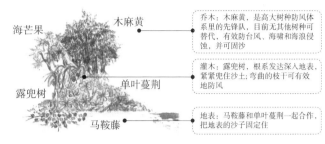

乔木：木麻黄，是高大树种防风体系里的先锋队，目前无其他树种可替代，有效防台风、海啸和海浪侵蚀，并可固沙

灌木：露兜树，根系发达深入地表，紧紧兜住沙土；弯曲的枝干可有效地防风

地表：马鞍藤和单叶蔓荆一起合作，把地表的沙子固定住

露兜树：半红树林植物，常绿分枝灌木或小乔木，果实甜蜜。适合沙质土壤，是海岸防风定沙的红树明星

马鞍藤：多年生草本植物。防风定沙的第一线植物，既可改变沙地微环境有利其他植物生长，又可美化海岸

单叶蔓荆：落叶小灌木。适合沙地和碱性土壤。形成群落具有很强的抗风抗旱抗盐碱能力

图 5-16　沙滩养护指引

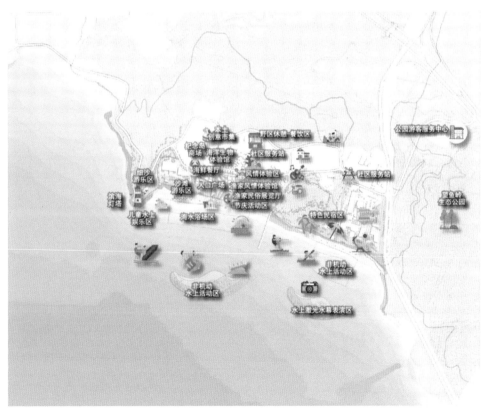

图 5-17　旅游活动规划布局示意图

（卫生间 6 处共 1035m²，淋浴间 1 处共 100m²）。管理设施约 500m²，文化设施约 500m²，商业设施不大于 4500m²。

安全设施包括救生台、防鲨网、医务室、警务室。靠近海水浴场的沙滩上设置救生台（瞭望台），间距小于 46m。救生台上层设置救生员瞭望厅，厅内放置救生绳、救生圈、救生衣、应急药箱等；下层可放置临时垃圾桶。防鲨网在深水区双层，双色浮球设置；浅水区单层，白色浮球。医务室面积不少于 150m²，至少满足 1 名医生、1 名护士需求，附建于公园滨海广场并且靠近官湖路。警务室面积不少于 60m²，附建于公园滨海广场。

卫浴设施包括卫生间、淋浴设施及洗沙池等。配套公厕建筑面积 1515m²（公园内卫生间 3 处共 480m²，公园相邻地块配套卫生间 6 处共 1035m²）。规划 300 个淋浴位，公园内建设 1 处 250m² 淋浴间，1 处 100m² 淋浴间配套于滨海广场相邻地块中。

商业设施类型为"休闲＋文化"（海景餐厅、茶室、书店、咖啡馆、酒吧等），建设位置集中设置在滨海文化广场。同时，还设置小型旅游咨询设施及公园管理用房，提供旅游咨询服务及应急服务功能（图 5-18）。

图 5-18　沙滩公园配套服务设施意象图

6. 道路交通指引

　　沙滩客流主要通过葵涌交通集散中心接驳转换，综合考虑城市定位、生态保护要求和道路资源，优先发展"公交为主，慢行为辅"模式，沙滩区域仅设置公交接驳站，与其他建筑物合建。优化片区陆域交通，西延官湖路至土洋社区，增强可达性，促进交通微循环，新增景区入口及纺织厂旧改三处社会停车库。建设慢行系统，串联"海—山—河—村"（图 5-19）。

　　同时，发展海上交通，缓解陆域交通压力。码头选址要重点考虑沙滩修复工程对其的影响，如果后期论证需要建设离岸堤和拦沙堤，则建议海上交通码头与拦沙堤复合建设，沙滩浴场东侧设置供海上活动使用的浮动码头。

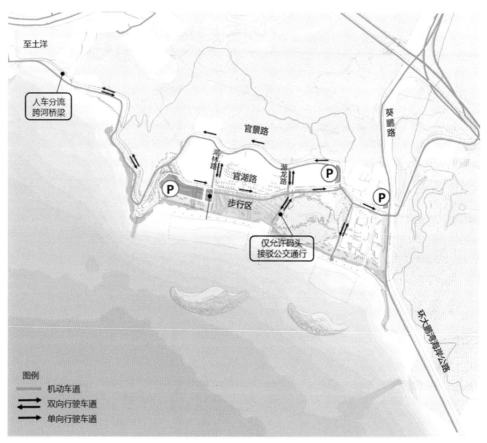

图 5-19　道路交通指引

第**6**章
无居民海岛规划

06
CHAPTER

6.1 编制背景

海岛是指四面环海水并在高潮时高于水面的自然形成的陆地区域，包括有居民海岛和无居民海岛。根据《中华人民共和国海岛保护法》，无居民海岛是指不属于居民户籍管理的住址登记地的海岛。

无居民海岛处于陆海交融之地，是重要的海洋空间。无居民海岛上有沙滩、淡水、植被、动物、矿产、旅游、港址和可再生能源等多种资源，是一个复杂的综合体。无居民海岛在长期的自然因素影响下形成，其承载的各种资源也将随着自然环境的不断变化而发生变化，具有动态性的特征。因远离大陆，被海水隔离，又极少受到人类活动的干扰，其生态环境一般维持在较为原始的状态，往往具有相对的完整性，一旦破坏很难恢复。

从管理属性界定，有居民海岛作为陆域空间的一部分，除了需要满足海岛保护的特殊要求，还要按照陆域国土空间进行规划与管理，而无居民海岛由海洋主管部门负责保护和开发利用管理。在新时期国土空间规划体系统筹陆海空间的理念下，无居民海岛同样属于海洋空间管理范畴，与周边海域共同纳入海洋空间保护利用规划与管理范围（图6-1）。

图6-1　陆海空间关系示意图

无居民海岛的保护利用标准是海岛规划编制过程中重要的技术依据与标准准则，是海洋管理技术标准体系中的重要组成部分。深圳市现状有51处无居民海岛[①]，但目前尚无符合深圳实际情况的用岛标准作为依据，而全国范围的海岛保护与利用的相关标准无法满足深圳高质量发展和精细化管控的需求。

为提升海岛保护与利用的科学性和合理性，建构起陆海统筹的规划标准体系至关重要。深圳市组织编制了《深圳市无居民海岛保护与利用标准与准则》，全面指导深圳市无居民海岛的规划编制及相关保护与利用工作。在此标准

[①] 统计的51处无居民海岛不包括深汕特别合作区海岛，根据《中国海域海岛地名志》，深汕特别合作区管辖有26个无居民海岛。

指导下，深圳市已完成赖氏洲岛、小铲岛等无居民海岛的保护与利用规划编制工作。

6.2　现状情况

6.2.1　总面积小，可供利用海岛资源稀缺

深圳市海岛资源十分稀缺与珍贵，目前深圳市共 51 个岛屿，均为无居民海岛，是广东省沿海各市中海岛最少的城市，海岛数量仅占全省海岛总数的 3.5%。深圳市海岛均为小岛和微型岛，面积在 500m² 以上的海岛仅 17 个。面积 20000m² 以上的无居民海岛包含内伶仃岛、大铲岛、孖州岛、小铲岛、赖氏洲 5 个海岛，面积之和占海岛总面积的 95% 以上，其中第一大岛内伶仃岛面积达 480hm²。

面积在 2000~20000m² 的小型岛屿有 6 个，包含沙林岛、洲仔头、深圳洲仔岛、深圳火烧排、怪岩、细丫岛。面积在 500~2000m² 的小型岛屿有 6 个，包含大排礁、高排坑西岛、虎头排、高排坑、大矾石、牛奶排。面积在 500m² 以下的微型海岛数量为 34 个（图 6-2）。

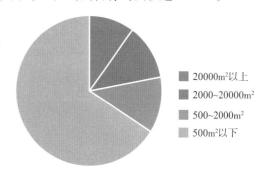

图 6-2　深圳不同面积无居民海岛占比

6.2.2　分布分散，东西部差异明显

深圳市无居民海岛分布在西部海域和东部海域，其中西部海域位于珠江口水域，共有无居民海岛 13 个，总面积 667hm²；东部海域包含大鹏湾、大亚湾水域，拥有众多小型岛礁，共 38 个，总面积仅 8.1hm²（图 6-3）。

深圳市东西海域海岛资源特征差别大。面积较大的四个海岛（大铲岛、小铲岛、内伶仃岛、孖州岛）集中分布于西部珠江口海域，但西部海域水环境较差，集中了航道、锚地等人工利用海域。

东部海域水质条件好，滨海生态环境优越。深圳无居民海岛中东部岛礁占大多数，但多为微型岛和岸边礁石，离岸距离较近，面积极小，难以利用。岛礁面积狭小，可开发利用潜力较低。

图 6-3　深圳海岛空间分布图

注：根据《国家海洋局 民政部关于公布我国部分海域海岛标准名称的公告》绘制，部分海岛未标注具体
位置。信息来源：https://www.gov.cn/xinwen/2018-06/08/content_5297114.htm。

6.2.3　离岸近，以承载陆域功能为主

目前已利用的无居民海岛包含孖州岛、大铲岛、赖氏洲岛，现有已利用海岛以陆域功能的工业用岛为主，公共开放性偏弱，公众认知度低。其余海岛多为 2000m² 以下的小型及微型海岛，除设有监测与观测设施外，大多处于未利用状态。因离岸近，受到深圳城市发展影响巨大，海岛利用形式呈现多样化的特征，未来将更多体现生态功能和城市功能的双重属性。

6.3　主要任务及规划思路

6.3.1　主要任务

本次工作通过海岛与利用现状研究、海岛生态基底分析、城市发展功能需求分析、空间分类技术标准分析、相关政策法规研究、上位规划分析、国内外经验案例研究、海岛空间管控研究等基础性研究，对无居民海岛提出分级分类管理，并明确各类海岛的保护利用重点方向；制定分级分类规划指引，用以指导无居民海岛单岛规划编制，指引相关规划编制，开展海岛规划管理、海岛使用论证、海岛与岸线生态修复整治等工作。

6.3.2　主要思路

1. 以国家标准为依据，对接深圳国土空间规划要求

《市级国土空间总体规划编制指南（试行）》针对县市级国土空间规划做出了一系列技术规定，涉及发展目标、指标控制、空间格局、绿色发展与生态修复等多个方面。新时期国土空间规划将海域空间及无居民海岛纳入了新的国土空间规划体系，其涉及海域海岛领域的技术规定，对于无居民海岛保护利用而言是重要的技术要求与指引。因此深圳无居民海岛规划标准的制定与调整后的国土空间规划标准保持较高的一致性与对应关系，便于上下层级海岛保护利用体系的顺应对接。

2. 分类管控，实现海岛保护利用的精细化规范化

现有海岛保护利用标准仅将海岛分类作为海岛主导功能的体现。对于海岛的开发利用的强度按照用岛方式的方法进行控制，未能体现对不同利用导向的不同管控要求。

因此，在对深圳市无居民海岛资源概况进行整体分析并评估未来发展趋势的基础上，提出以海岛基本类型为根据，采取不同管控要求的总体策略，针对不同类型海岛制定针对性的管控要求，实现海岛保护利用管控的精细化。

3. 结合多元需求，关注海岛资源价值提升

深圳无居民海岛利用趋势由传统陆域功能承载转向特色资源利用。一方面，深圳市海岛资源珍贵，但以往海岛利用以空间利用为主要方式，主要用于承载服务陆域的诸如能源供应、市政服务等功能，并未体现无居民海岛作为珍贵自然资源的价值。另一方面，随着深圳全球海洋中心城市建设的日益深入，滨海休闲的需求日益强烈。因此，新时期深圳对海岛空间的利用将不再局限于基础性的能源保障、生态屏障等，而是将全力挖掘深圳市海岛资源所蕴含的珍贵潜力与价值，以满足科普教育、休闲观光、运动娱乐等更高层次的发展需求（图 6-4）。

6.3.3　技术路线

采用综合因素评估分析的方法，综合考虑深圳市海岛的自然资源特征、海岛规模、可利用情况、区位条件及相邻陆域社会发展等因素，对生态保护重要性和开发适宜性进行综合评价，提出全市海岛的分级分类体系。通过评估将深圳市海岛分为五类，并分别提出建设活动准入、保护及利用指标、建设指标及岸线管控等相关管理要求（图 6-5）。

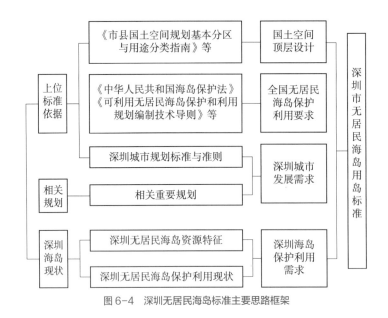

图6-4 深圳无居民海岛标准主要思路框架

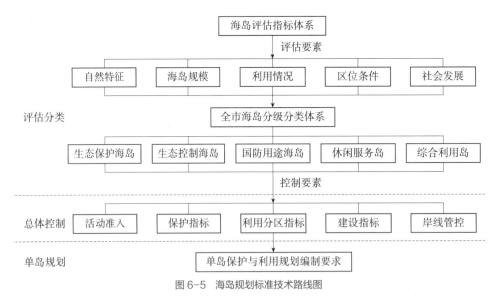

图6-5 海岛规划标准技术路线图

6.4 海岛综合评估及分类体系

6.4.1 国家海岛分类体系

在《中华人民共和国海岛保护法》的指导下，目前的海岛分类体系以海岛保护为核心，逐步构建起"三级"分类体系。

在《全国海岛保护规划》实施后，各沿海城市开始探索省级海岛分类体系的构建，先后形成《省级海岛保护规划编制技术导则》和《海岛保护与利用规划编制技术指南》等技术规范。技术规范中提出的海岛分类均采用"三级"分类体系，即按照"有无居民居住＋保护与利用＋主导功能"三个层级进行分类。第一层级按照"有无居民居住"分为"有居民海岛"和"无居民海岛"两类；第二层级按照"保护与利用"对有居民海岛进行分区，对无居民海岛进行分类；第三层级对无居民海岛按照"主导功能"进一步细分。技术规范中确定的分类体系虽然被同期海岛规划广泛应用，但是，一方面该分类体系缺乏科学的评价体系，对无居民海岛的分类主观性太强，在规划实施过程中暴露出可实施性不强的问题，有待进一步研究；另一方面该分类体系是在政府主导开展海岛保护与利用工作的背景下确定的，分类体系确定时国家尚未放开无居民海岛使用权出让，既不符合当前的市场需求，也无法有效控制市场资本进入对海岛保护与利用的影响（图 6-6）。

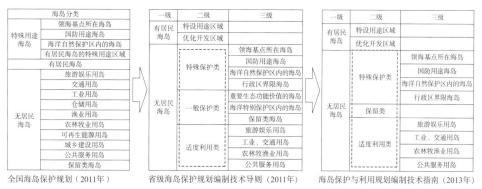

图 6-6　相关规范中确定的海岛分类体系

6.4.2　深圳市海岛综合评估体系

借鉴国内外海岛评估的研究经验，根据海岛自然生态价值、现状利用情况、海岛利用价值三方面的要素搭建海岛保护利用评估要素体系，设置相应的评估体系与评估方法。自然生态价值主要包括自然地貌、动植物资源、自然生态岸线、安全防灾四项，现状利用情况包括海岛利用功能和利用强度，海岛利用价值包括可利用规模、岸线利用价值、景观人文价值、海岛建设条件、周边海域条件五项。综合评估指标共 11 项 43 个要素，具体指标体系设置如表 6-1 所示。

海岛综合评估指标体系　　　　　　　　表6-1

评价项目		评价因子
海岛自然生态价值	自然地貌	地形地貌
		地质遗迹分布
	动植物资源	海岛植被覆盖率
		植被种类丰富度
		周边海域珊瑚等资源丰富度
		海岛陆域珍稀动植物资源丰富度
	自然生态岸线	自然岸线保有率
		沙滩长度占海岛岸线比例
	安全防灾	灾害风险性
		岸线稳定性
		是否位于自然保护地、海洋生态红线、生态保护区、生态控制区
现状利用情况	海岛利用强度	海岛表面积改变率
		海岛岛体体积改变率
		海岛植被破坏率
	海岛利用功能	交通运输功能
		工业仓储功能
		休闲旅游功能
		农林牧功能
		城乡建设功能
		公共服务功能
		可再生能源功能
		渔业功能
海岛利用价值	可利用规模	岛体总面积
		可开发潜力用地面积
		海岛地形平整度
	岸线利用价值	沙滩长度
		海蚀地貌
		岸滩步行可达性
	景观人文价值	海岛岛体景观价值
		海岛植被景观价值
		海岛周边环境景观价值
		海岛历史人文价值
	海岛建设条件	海上交通可达性
		离岸距离
		距离城市中心距离

续表

评价项目		评价因子
海岛利用价值	海岛建设条件	邻近陆域主导功能
		水资源丰富度
		环境承载力
	周边海域条件	水质
		水深
		波浪
		气象
		底质

基于以上三方面评价体系，以及海岛面积规模，通过四个方面进行综合赋值，评估深圳市无居民海岛的保护利用条件，确定相应的海岛管控基本类型。深圳市结合自身实际，设置生态保护海岛、生态控制海岛、休闲服务岛、综合利用岛四类基本海岛类型。

其中将保护方向的无居民海岛划分为生态保护海岛和生态控制海岛，将可利用无居民海岛划分为休闲服务岛和综合利用岛两类，并对各类海岛的界定和管控措施提出相应的标准和要求。其中休闲服务岛主要指以公共服务、休闲旅游为主导用途的海岛。

综合利用岛对应其他用途及多种功能用途的复合利用的海岛。根据两类海岛的不同功能导向，通过编制无居民海岛保护和利用规划提出适应各自特点的管控要求，提高未来海岛利用的精细化程度。

经评估分析研究，深圳市 51 个无居民海岛类型划分如表 6-2 所示。

深圳市无居民海岛类型划分　　　　　　　　表6-2

基本类型	海岛数量	海岛名称
生态保护海岛	5	红树林岛、内伶仃岛、内伶仃东岛、内伶仃南岛、铜锣排
生态控制海岛	36	大矾石、小矾石、细丫西岛、小洲仔岛、洲仔头岛、小洲仔头岛、火烧排、排仔石、怪岩、怪岩东岛、牛奶西岛、牛奶排、牛奶一岛、牛奶二岛、牛仔排、赖氏洲北岛、赖氏洲南岛、赖氏洲东岛、赖氏洲西岛、大排礁、大排礁一岛、大排礁二岛、高排坑西岛、高排坑、海柴岛、虎头排、小虎头排、白石仔、白石仔北岛、白石仔南岛、白石排、排仔、崖伏石、崖伏石南岛、大产排、沙林岛
休闲服务岛	8	小铲岛、赖氏洲、细丫岛 深圳洲仔岛、北排、小沉排、新大岛、鸡啼石
综合利用岛	2	大铲岛、深圳孖洲岛

深圳海岛基本类型与国土空间规划海洋规划分区标准、国家标准中的海岛类型的空间与功能对应关系如表6-3所示。

对应关系　　　　　　　　　表6-3

国土空间规划 海洋规划分区		深圳海岛规划 管控基本类型	国家海岛功能类型
生态保护区		生态保护海岛	保护区内海岛
生态控制区		生态控制海岛	未批准利用海岛、保留类海岛
适度利用区	游憩用海区	休闲服务岛	公共服务海岛
			旅游娱乐海岛
	渔业用海区	综合利用岛	渔业海岛
			农林牧业海岛
			城乡建设海岛
	交通运输用海区		交通运输海岛
			可再生能源海岛
	工矿通信用海区		工业仓储海岛
	海洋预留区		—

6.4.3 海岛基本类型内涵及界定

1. 生态保护海岛

以下无居民海岛应划定为生态保护海岛：①分布在重要海洋自然保护区范围内的无居民海岛。②其他具有特殊重要生态功能或生态价值的无居民海岛。③生态敏感脆弱、必须强制性严格保护的无居民海岛。基于此原则，划定红树林岛、内伶仃岛等海岛为生态保护海岛，将深圳市管辖范围已包含在海洋自然保护地范围内的无居民海岛全部纳入其中。

2. 生态控制海岛

生态控制海岛指目前不具备开发利用条件，需要予以保留原貌、强化生态保育和生态建设、限制开发建设的无居民海岛。除生态保护海岛以外，其他位于国土空间规划中海洋生态红线、生态保护区、生态控制区内的无居民海岛也应划入生态控制海岛。

生态保护海岛与《市级国土空间总体规划编制指南（试行）》中海洋"生态控制区"相对应，包含相关规范中的"一般保护海岛""保留海岛"。《关于编制省级海岛保护规划的若干意见（2011）》中保留类海岛，指目前不具备开发利用条件，以保护为主，或难以判定其用途的无居民海岛。由于深圳市存在大量海岛面积小，生态景观价值较高，开发利用价值低、难度大的小型岛礁，此类海岛应划入生态控制海岛类型（图 6-7）。

图 6-7　生态控制海岛示意图

3. 休闲服务岛

休闲服务岛是指以滨海游憩、公共服务、休闲旅游为主要利用功能的无居民海岛。

休闲服务岛导向为体现自然海岛不可再生的自然、生态、景观资源禀赋，以及历史积淀的人文资源的海岛空间，真正体现海岛资源价值与特色，包含以往旅游娱乐岛、公共服务岛、游憩海岛等类型。

休闲服务岛以公益性或经营性的旅游娱乐功能为基础，包含公共性的滨海游憩，文化类的公共服务功能，成为涵盖含义较宽的综合性休闲功能服务海岛类型。基于对海岛资源的有效保护，休闲服务岛适用于较严格的海岛保护要求和较低强度的开发利用限制。

基于海岛自然特征及利用条件，休闲服务岛进一步细分为生态型休闲服务岛、岩礁型休闲服务岛（图 6-8、图 6-9）。其中面积在 1hm^2 以上，植被覆盖率较高，海岛陆域具备典型生态系统的休闲服务岛划定为生态型休闲服务岛；海岛陆域面积在 1hm^2 及以下，且海岛陆域不具备典型生态系统的休闲服务岛，划定为岩礁型休闲服务岛。

深圳市存在众多面积较小的岛礁，基于城市发展和滨海休闲娱乐的需求，其中一些岛礁具备开展适度利用的条件，同时存在结合周边海域开发新型用海

图6-8 生态型休闲服务岛示意图

图6-9 岩礁型休闲服务岛示意图

的需求。因此，此类小型岛礁定义为岩礁型休闲服务岛，可相应放宽建设控制要求，适用于中等强度开发利用。

4. 综合利用岛

综合利用岛是指以交通运输、工业仓储、城乡建设、可再生能源、农林牧业、渔业中的一种或几种作为主要利用功能的无居民海岛。综合利用岛类型包含原相关规范中"交通运输海岛、工业仓储海岛、农林牧海岛、城乡建设海岛、公共服务海岛、可再生能源海岛、渔业海岛"为主导功能的海岛类型，是综合性的海岛利用类型。综合利用岛适用于较普遍的海岛保护要求和较高强度的开发利用标准。

综合利用岛导向为利用天然或人工围填形成的，用于承载陆域功能的海岛空间，建设服务于城市和区域的工业仓储用岛、交通设施用岛（港口），以及城市建设（能源市政）、公共服务（区域管理）等重要的服务功能。同时，综合利用岛也可兼顾休闲服务岛的滨海休闲服务功能，适应深圳海岛复合功能利用的趋势（图6-10）。

孖州岛　　　　　　　　　　　大铲岛

图 6-10　综合利用岛示意图

6.5　总体控制及分类指引

总体管控是指对无居民海岛整体保护所涉及的自然岛体利用程度、生态系统完整性保护、人类活动的环境影响进行总体控制，通过明确保护要素、提出保护指引要求与指标控制，对无居民海岛的整体保护和科学利用提出系统要求。

6.5.1　用岛功能分类及活动指引

生态保护海岛按照《中华人民共和国自然保护区条例》相关规定，保护海岛各类资源，利用海岛特色资源开展科普教育活动。允许开展科学研究、观测监测、科普教育、参观考察等功能活动，建设科学研究、科普教育、地名标志、观测监测导航及相关公益设施等工程。

生态控制海岛对应国家未批准利用海岛、保留类海岛类型。生态控制海岛禁止与科学研究等公益目的无关的开发利用活动，不得改变地形地貌、海岛景观及自然生态环境；允许开展科学研究、观测监测等功能活动，建设地名标志、观测监测导航及相关公益设施等建设工程。

休闲服务岛应编制无居民海岛保护与利用规划，依据单岛规划严格管理，尚未利用且尚未编制规划的按照生态控制海岛管理。休闲服务岛应有效保持海岛原有地貌与生态系统，利用海岛特色资源，可开展轻度利用活动，提供滨海休闲与公共空间功能。依据国家海岛功能，可分为公共服务海岛和旅游娱乐海岛类型。

综合利用岛应编制无居民海岛保护与利用规划，保护海岛与周边海域生态环境，承载陆域城市功能，同时可提供滨海休闲与公共服务。依据国家海岛功能，分为渔业海岛、农林牧业海岛、城乡建设海岛、交通运输海岛、可再生能源海岛、工业仓储海岛等类型（表 6-4）。

海岛基本类型与利用功能对应关系　　　　　　　　表6-4

管控基本类型	国家海岛功能类型
生态保护海岛	保护区内海岛
生态控制海岛	未批准利用海岛、保留类海岛
休闲服务岛	公共服务海岛
	旅游娱乐海岛
综合利用岛	渔业海岛
	农林牧业海岛
	城乡建设海岛
	交通运输海岛
	可再生能源海岛
	工业仓储海岛

6.5.2　海岛保护指引

1. 岛体保护

岛体是海岛山海景观资源的主体要素、生态系统与动植物资源的空间载体。无居民海岛利用活动应加强对岛体及地形的保护。对于生态保护海岛、生态控制海岛，应严格保护各类生态景观资源，不得改变海岛地形地貌、自然景观及自然生态环境。对于休闲服务岛及综合利用岛，应尽可能减少对海岛岛体及表面的改变。利用活动不应破坏典型地质遗迹及典型地貌区域。

2. 生态系统保护

海岛植被、海岛珍稀动植物、海岛及周边海域典型生态系统，构成了海岛生态系统的最重要元素。围绕三个方面的典型生态系统，提出加强保障海岛自然生态要素及环境，禁止破坏红树林、珊瑚礁、珍稀动植物栖息地的开发利用行为的管控要求（图6-11）。

为防止海岛生物多样性降低，应对海岛陆域进行物种详细调查及登记，有效识别珍稀动植物物种（包含海岛及周边海域湿地常年及季节性寄居的鸟类），提出珍稀野生动植物物种数量（包括种类和数量）底线，并提出重要保护要求与措施。对有珍稀动植物存在的海岛，设置珍稀动植物保有量指标，一般限定其最低值。

内伶仃岛野生猕猴种群　　　沙林岛红树林生态系统

图 6-11　生态系统保护实例

海岛陆域及周边海域的重要生态系统（包含红树林、珊瑚礁），应重点识别红树林生态、珊瑚礁生态系统，并提出相应的保护要求及措施。禁止严重破坏红树林和珊瑚礁的利用活动。

基于防止海岛植被退化，生态保护海岛、生态控制海岛应严格禁止海岛原生植被的破坏。休闲服务岛、综合利用岛应采取措施保护及抚育海岛现有植被。对于自然植被改变率指标，休闲服务岛按照轻度利用方式控制，综合利用岛按照中度利用方式控制。

3. 环境保护

海岛环境的保护要求旨在最大限度降低人类活动对海岛自然环境的影响，有效防止海岛利用产生的废水、废气、固体废弃物对海岛环境的负面影响。实现海岛利用向生态环保、绿色低碳的方向发展，实现无居民海岛的绿色永续利用。

海岛利用活动应重点降低人类活动对海岛生态环境造成的影响，鼓励优先利用可再生绿色能源。应严格限制废弃物排放，配套相应的市政设施，建设绿色海岛。固体废弃物应外运出岛，或采用无害化处理方式进行处置。海岛利用形成的废水排放应采用无害化处置，或输出岛外进行处理，严禁污水直接排海。无居民海岛应严格控制废气排放。

4. 生态修复

按照陆海统筹的原则，针对生态功能退化、生物多样性减少、水土污染、洪涝灾害、地质灾害等问题区域，明确海洋生态系统修复的目标、重点区域和重大工程，维护海洋生态系统，改善生态功能。

单位或个人在海岛进行工程建设造成生态破坏的，因不可抗原因造成无居民海岛岛体损毁或生态系统遭到破坏的，应开展海岛生态修复。海岛岛体、岸线、植被等生态系统受到台风、风暴潮、滑坡等地质与海洋灾害的影响，易出现岛体与岸线损毁，植被受损，外来物种入侵，红树林、珊瑚礁等生态系统受损的情况。同时人类活动带来的海岛不当开发利用活动也是无居民海岛资源受到损坏的重要原因。单岛规划阶段应摸查海岛遭受岛体破坏和生态破坏的情况，并提出相应的海岛生态修复目标、要求与措施。

图6-12 大铲岛海关界碑

5. 人文设施保护

对于海岛内已有的人文遗迹及特色公益设施应该进行保护，包括人文历史遗迹、名胜古迹、航标、助航导航、海洋监测、气象观测、地震监测设施，地名标志碑等科研及公益设施，重要军事设施及其他国防设施等（图6-12）。

6. 海岛保护指标控制

根据不同基本类型海岛不同的管控导向提出不同的管控要求，落实在岛体、岸线、生态系统、环境保护等方面，提出十项具体要求。其中，休闲服务岛和综合利用岛通过下阶段单岛详细规划进行落实。生态保护海岛、生态控制海岛的相关海岛利用活动应符合相应控制要求（表6-5）。

海岛保护指标控制一览表　　　　　　　　　　表6-5

领域	指标	生态保护海岛	生态控制海岛	休闲服务岛		综合利用岛
				生态型	岩礁型	
岛体	岛体表面积改变率	≤ 3%	≤ 10%	≤ 30%	≤ 30%
	岛体体积改变率	≤ 3%	≤ 10%		≤ 30%
岸线	自然岸线保有率	≥ 95%	≥ 85%	≥ 70%	应设
	现状自然岸线改变率	≤ 3%	≤ 10%	≤ 30%	≤ 30%
生态系统	自然植被改变率	≤ 3%	≤ 10%		≤ 30%
	植被覆盖率	应设			
	珍稀动植物保有量	根据自然资源调查情况设置			
环境保护	废水与固体废弃物处理率	100%	—		100%
	可再生能源利用率	应设	—		应设

海岛开发利用现状已造成体积改变率、表面积改变率超过 65% 的综合利用岛，新增用岛项目引起岛体、表面积改变的，应另外进行专题论证。

6.5.3　海岛利用指引

1. 岛陆分区利用指引

近年来，国内相关海岛保护与利用规划对于海岛陆域的空间管控分区基本按照严格保护区域、限制利用区域、适度开发区域的方式划分。本次延续三类区域的划分方法，同时根据利用方式和管控要求，对限制利用区域做出明确的界定。三类保护利用分区划定及管控应符合表 6-6 的要求。

无居民海岛中各分区空间准入及占比应符合表 6-7 的要求。其中，综合利用岛开发利用现状已造成自然岛体较大改变的，若单岛规划适度开发区面积超过 65%，应开展专题研究。

海岛保护利用分区管控一览表　　表6-6

项目	严格保护区域	限制利用区域	适度开发区域
划定要求	需要采取严格保护要求和措施的海岛陆域及岸线区域，应划入严格保护区	基于海岛自然资源、生态环境、安全保障、海岛风貌及自然景观的保护需求，需采取限制利用要求的海岛陆域及岸线区域，应划定限制利用区	可进行适度开发建设，开展海岛利用活动的区域，应划定适度开发区
保护要求	不得破坏岛陆区域及岸线地形地貌和生态环境。已造成破坏的区域应开展生态环境整治修复	可适度开展海岛利用、设施建设活动
活动控制	除开展科学研究、保护修复外，禁止开展其他开发利用活动	可开展滨海休闲、游憩活动、科学研究、科普教育、保护修复、日常管理活动，禁止其他海岛利用活动	按照相应的用岛类型及建设控制要求管控
建设控制	除科研、观测等少量公益设施，禁止建设建筑物或构筑物	除步道、平台、景观构筑物等休闲游憩类设施，科研、观测等公益设施外，禁止建设永久性建筑物	

海岛分区准入及比例控制一览表　　表6-7

类型		严格保护区域	限制利用区域	适度开发区域
生态保护海岛		≥ 65%	√	仅限科学研究、科普教育、地名标志观测监测导航及相关公益及服务设施
生态控制海岛			√	
休闲服务岛	生态型	√	√	≤ 15%
	岩礁型	√	√	≤ 35%
综合利用岛		√	√	≤ 65%

海岛保护利用详细分区及用岛类型应按照表6-8选取。严格保护区域重点识别自然地貌特征，保护自然遗迹、动植物资源、自然风貌和人文遗迹；限制利用区域重点开展休闲活动，包括岸滩公园等休闲活动区域；适度开发区域参照《深圳市城市规划标准与准则》相应用地类型规定执行。对于综合利用岛，工业用岛、旅游与商业设施用岛可建设相应的配套宿舍。

海岛保护利用详细分区及用岛类型一览表 表6-8

区域	保护及利用类型	代码	概念界定及划定要求
严格保护区域	自然遗迹及岸线保护区	DBⅠ	具备重要科学价值的典型地质构造、地质地貌、化石、火山等自然区域；需要严格保护的沙滩、砾石滩、岩滩，以及其他需要保护的自然岸线区域
	珍稀动植物保护区	DBⅡ	珍稀、濒危野生动植物的天然集中分布的岛陆区域；具备红树林等典型生态系统的区域
	自然风貌保护区	DBⅢ	自然水源，天然植被覆盖区域及其他自然区域中需要严格保护的区域
	人文遗迹保护区	DBⅣ	具有特殊保护价值的历史遗迹、人文遗迹、名胜古迹
限制利用区域	岸滩休闲区	DXⅠ	可用于休闲活动的沙滩、砾石滩、岩滩、基岩岸线区域
	岛陆休闲区	DXⅡ	可用于休闲活动的海岛陆域自然风貌区域
	一般控制区	DXⅢ	其他在规划期内限制利用的区域
适度开发区域	广场绿地用岛	DG	用于建设广场、绿地的用岛
	旅游与商业设施用岛	DC	用于旅游娱乐服务的相关设施及其他商业设施的用岛
	公共服务设施用岛	DGIC	用于公共文化、科研、教育、监测、观测、助航导航等公益性设施建设的用岛
	工业用岛	DM	用于工业生产的用岛
	可再生能源设施用岛	DMN	用于风能、太阳能、海洋能、温差能等可再生能源设施建设的经营性用岛
	仓储用岛	DW	用于物流仓储的用岛
	交通设施用岛	DS	用于港口码头、路桥、隧道、机场等交通运输设施及其附属设施建设的用岛
	公用设施用岛	DU	用于市政、能源等公用设施及配套等建设的用岛
	农林牧渔用岛	DN	用于农、林、牧、渔业生产活动及其附属设施建设的用岛

休闲服务岛设置国防设施、可再生能源、农林牧渔用岛的，应经过专题论证。生态保护海岛、休闲服务岛相关规划中交通运输用岛类型仅限小型码头设施准入。生态控制海岛的公共服务用岛类型仅限于监测、观测、助航导航等公益性设施准入。

同时，对各用岛功能提出了混合使用规定，具体内容如表 6-9 所示。

用岛类型混合使用指引　　　　　　　　　表6-9

用岛类型	可混合使用的用岛类型
旅游娱乐与商业设施用岛	公共服务用岛、交通运输用岛区域
公共服务用岛	旅游娱乐与商业设施用岛、交通运输用岛区域
工业与新型产业用岛	物流仓储用岛
物流仓储用岛	工业与新型产业用岛
交通运输用岛区域	旅游娱乐与商业设施用岛、公共服务用岛
公用设施用岛	广场绿地用岛、公共服务用岛

2. 海岛利用方式指引

结合《关于印发〈调整海域 无居民海岛使用金征收标准〉的通知》（财综〔2018〕15 号）中关于用岛方式的界定，根据对无居民海岛自然岸线、表面、岛体、植被等自然属性改变程度等因素，划分无居民海岛开发利用方式，一般包括原生利用式、轻度利用式、中度利用式、重度利用式、极度利用式、填海连岛与造成岛体消失的用岛。

本次提取海岛表面积改变率、海岛岛体体积改变率两个指标，按照海岛基本分类对应相应的海岛利用程度要求。

保护类海岛（生态控制海岛、生态保护海岛）适用于原生利用式；休闲服务岛一般按照轻度利用式控制；由于较高的开发强度需求，综合服务岛适用于中度利用式；特殊的综合服务岛突破相关要求的应经过专题论证。

深圳无居民海岛的面积分布广泛，海岛面积相差较大。对于休闲服务岛，较大面积的海岛需要控制海岛开发利用的强度和规模，以保证海岛风貌的原生性；而微型海岛结合周边海域的利用，相关利用活动对于海岛岛体影响较大，改变较为明显，可采取较宽松的控制要求。因此对于海岛表面积改变率指标，生态型休闲服务岛适用于轻度利用式（≤ 10%）；岩礁型休闲服务岛，按照中度利用海岛控制（≤ 30%）（表 6-10）。

3. 海岛建设管控

无居民海岛生态环境较为脆弱，环境承载容量有限，应防止过度开发带来环境质量下降。结合海岛管理要求，海岛建设中重点对容积率、建筑密度、建筑高度等具体指标进行量化管控，具体内容如表 6-11 所示。

用岛方式类型 表6-10

方式编码	方式名称	界定方法	适用海岛基本类型
1	原生利用式	不改变海岛岛体及表面，保持海岛自然岸线和植被的用岛行为	生态控制海岛、生态保护海岛
2	轻度利用式	造成海岛岛体、表面、自然岸线或植被等要素发生改变，且变化率最高的指标符合以下任一条件的用岛行为： （1）海岛自然岸线属性改变应小于或等于10% （2）海岛表面积改变率应小于或等于10% （3）海岛岛体体积改变率应小于或等于10% （4）海岛植被破坏率应小于或等于10%	生态型休闲服务岛
3	中度利用式	造成海岛岛体、表面、自然岸线或植被等要素发生改变，且变化率最高的指标符合以下任一条件的用岛行为： （1）海岛自然岸线属性改变率大于10%且小于30% （2）海岛表面积改变率大于10%且小于30% （3）海岛岛体体积改变率大于10%且小于30% （4）海岛植被破坏率大于10%且小于30%	礁岩型休闲服务岛、综合利用岛
4	重度利用式	造成海岛岛体、表面、自然岸线或植被等要素发生改变，且变化率最高的指标符合以下任一条件的用岛行为： （1）海岛自然岸线属性改变率大于或等于30%且小于65% （2）岛体表面积改变率大于或等于30%且小于65% （3）海岛岛体体积改变率大于或等于30%且小于65% （4）海岛植被破坏率大于或等于30%且小于65%	
5	极度利用式	造成海岛岛体、表面、自然岸线或植被等要素发生改变，且变化率最高的指标符合以下任一条件的用岛行为： （1）海岛自然岸线属性改变率大于或等于65% （2）岛体表面积改变率大于或等于65% （3）海岛岛体体积改变率大于或等于65% （4）海岛植被破坏率大于或等于65%	特殊的综合服务岛
6	填海连岛与造成岛体消失的用岛		

用岛建设控制要求一览表 表6-11

项目	用岛区域类型	容积率上限	建筑密度上限	建筑高度	建设过程管控指引
保护利用分区	适度开发区（综合利用岛）	1.5	40%	海岛建筑高度控制结合海岛天际线、城市设计开展专题研究 海岛建筑应符合周边存在净空高度限制的飞机场、气象台、电台和其他无线电通信设施对该海岛高度限制规定 海岛建筑高度原则上不超过主要海岛主要视角岛体背景天际线，休闲服务岛建筑高度原则上不超过15m塔式建筑或构筑物，岛体顶部建筑或构筑物的建筑高度应专题论证研究	海岛设施建设过程中、海岛整治修复工程过程中应尽力降低对海岛原生环境的影响，避免造成破坏，对海岛相关保护要素应符合相关要求
	适度开发区（休闲服务岛）	1.0			
适度开发区二级分类	旅游娱乐与商业设施功能区	2.0	—		
	公共服务功能区	2.0			
	工业与新型产业功能区	2.0			
	物流仓储功能区	1.5			
	公用设施功能区	1.5			

　　容积率指标采用《深圳市城市规划标准与准则》中密度五区（即低密度）管控要求，作为相应用岛类型的容积率上限。其中增加设置针对适度开发区的整体容积率控制指标，综合利用岛适度开发区容积率上限为 1.5；生态型休闲服务岛适度开发区上限为 1.0。其中，旅游娱乐与商业设施功能区、公共服务功能区、工业与新型产业功能区容积率上限为 2.0，物流仓储功能区和公用设施功能区容积率上限为 1.5。

　　4. 陆岛交通

　　陆岛连接应以船运为基本方式，结合安全、功能要素选择合适位置建设码头。近岸岛屿可通过低潮高地步行连接的，可不设置码头。采取浮桥、栈道等固定或半固定方式步行连接的，相关设施应避免对海岛周边生态环境要素造成影响（图 6-13）。严格控制，谨慎论证道路桥梁、高风险连接设施（表 6-12）。

陆岛交通管控与指引一览表　　　　　　表6-12

项目	要求	指引与管控要求
码头设置	基本要求	综合利用岛、休闲服务岛应设置客运码头、小型休闲码头、游艇上岛登陆点作为基本交通设施，兼顾日常使用与应急管理需求
	设置方式	近岸岛屿与大陆联系紧密，可通过低潮连滩方式连接的，可不设置码头。若海岛结合周边海域统筹利用的，可结合周边海域利用设施设置码头
	选址要求	码头选址和建设应综合考虑相关规范要求、周边海域水文条件、周边风环境条件、岸线特征和实施条件等综合因素 码头设置应尽可能避免对自然岸线的改造与破坏
其他方式	固定或半固定步行连接	采用栈道、浮桥等固定或半固定步行交通连接方式的，应统筹考虑周边海域利用情况，降低对周边海域水下生态系统的影响
	高风险方式	谨慎采用缆车、水下通道等高风险交通设施，严格保证海岛与设施安全，严禁相关设施对岛体与周边海域水下生态系统产生破坏，若采用高风险方式应经过严格的专题论证
	桥梁隧道	综合利用岛应谨慎采用市政桥梁、隧道连接陆域，确需建设的，应统筹考虑岛内交通与对外交通的便捷转换

图 6-13　陆岛交通方式示意图

岛内交通以慢行交通方式为主，规划休闲服务岛、综合利用岛应以步行交通和慢行交通为主导方式，除必要的安全保障和基本接待车辆，应限制机动车交通，并做好岛内的交通集散工作（表6-13）。

岛内交通管控与指引一览表　　　　　　　　　表6-13

项目	指引与管控要求
交通集散与转换	码头周边、入岛桥梁或隧道入口周边应设置统一的交通集散及停车设施，用于转换为岛内慢行交通方式
道路系统	综合利用岛、面积在 5hm² 以上的休闲服务岛道路系统可由慢行道路、步行道路组成。慢行道路设计标准应参照慢行专用道路设计实施，道路红线原则上不超过 20m。面积在 5hm² 以下的无居民海岛原则上不设置车行道路
慢行交通工具	无居民海岛应采用环保慢行车辆、共享公共自行车等慢行交通工具作为海岛主要交通工具
步行网络	综合利用岛、休闲服务岛应设置完善的步行网络和开敞步行空间系统

5. 市政设施

海岛市政设施设置与海岛功能和服务业态直接关联。物资供应模式、废弃物处理方式、市政设施选取与海岛和陆域关系有较强关联。距离陆域较远的海岛一般以自给自足的方式自建市政系统，距离陆域较近的海岛对大陆的依赖度较高。

无居民海岛应综合考虑海岛利用需求、功能定位、服务业态，以及海岛空间承载力，设置相应的市政服务设施。相关设施设置应符合表 6-14 的要求。

岛内设施管控与指引一览表　　　　　　　　　表6-14

要求	市政设施设置要求与指引
环境保护要求	海岛市政设施应优先满足海岛及周边海域环境保护要求，达到污水与废弃物 100% 处理率和零排放。严格控制废弃排放
系统配置要求	综合利用岛、休闲服务岛应结合海岛利用功能提出给水、污水、电力、燃气、废弃物、通信、物资供给等市政设施的设置规模、设置方式
绿色能源	海岛市政设施设置着眼于保护海岛及周边海域生态环境，鼓励采用太阳能等绿色可再生能源利用方式
特殊要求	谨慎采用海底管道供应或传输水、电、燃气，确需采用的应严格论证对海岛周边海域环境造成的影响

6.5.4　海岛岸线布局及管控

根据海岸线自然资源条件和开发程度，在国家标准的基础上，将优化利用岸线按照生产与生活功能划分为人工休闲岸线、人工生产岸线，共设置严格保护、限制利用、人工休闲、人工生产四类规划岸线类型。提出四类规划管控措施，并符合建筑后退海岛岸线的距离要求（图6-14）。

	严格保护岸线	限制利用岸线	人工休闲岸线	人工生产岸线
示意				
含义	需严格保护的自然岸线	生态化利用的自然岸线生态修复岸线	供市民游客休闲活动的人工化生活岸线	交通、工业等生产功能的人工岸线

图6-14　海岛规划岸线类型示意图

相关规划管控要求如表6-15所示。

海岛规划岸线类型及管控一览表　　　　　　表6-15

规划岸线类型		概念界定	管控要求	建筑退线
严格保护岸线		需要采取严格保护要求和措施的海岛岸线	严格保护岸线禁止围填海、开采海沙等损害海岸地形地貌和生态环境的活动，禁止设置排水口。除科学研究、科普教育等活动外不得展开其他开发利用活动	≥ 20m
限制利用岸线		保持海岛岸线自然形态和生态功能，可开展休闲活动的海岛岸线	限制利用岸线禁止控制、改变海岸自然形态和影响海岸生态功能的开发利用活动，可开展原生式利用与休闲活动。禁止设置排水口	原则上应 ≥ 5m，不足 5m 的应采取专题论证
优化利用岸线	人工休闲岸线	提供滨海休闲功能的海岛人工岸线	保持岸线环境质量与开放性	
	人工生产岸线	用于工业、交通、市政能源等功能的海岛人工岸线	严格控制长度，提高利用效率。休闲服务岛设置的人工生产岸线仅限休闲服务及客运交通类码头、小型市政设施	≥ 20m

6.6 单岛详细规划——以赖氏洲海岛规划为例

6.6.1 赖氏洲海岛概况

赖氏洲岛海岛面积约为 3.27hm²，位于深圳大鹏半岛最南侧海域。赖氏洲岛坐落西涌片区以东海域，距离西涌片区 500~1100m，被西涌沙滩紧紧环抱，与南澳半岛的群山遥望，犹如西涌海湾的"掌上明珠"（图 6-15）。

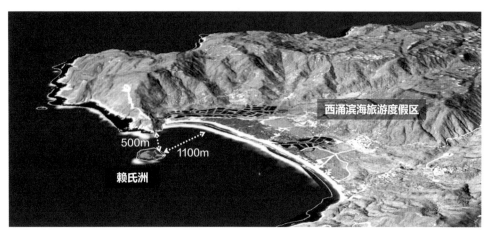

图 6-15　赖氏洲海岛区位图

赖氏洲岛现状岸线总长度 1265m，自然岸线的保有率为 87.1%。赖氏洲岛西北部有珊瑚集中分布区，面积约 3.66hm²，存在 20 种珊瑚种类。赖氏洲海底分布大量的明礁，拥有海蚀崖、海蚀洞等海蚀地貌。海岛北部有较大面积的浅水及潮间带区域。大鹏半岛南侧海域水体质量较好，均符合Ⅰ类水质标准。

6.6.2 技术路线

在对海岛及周边海域自然资源进行调查与分析评价的基础上，结合海岛自身的需求，提出赖氏洲岛的总体定位。依据定位从海岛保护和休闲发展两方面提出策略，从而形成空间利用方案，通过生态影响评估对其校核，最终形成可实施的海岛保护与利用方案（图 6-16）。

（1）规划研究范围的界定。根据无居民海岛的定义，结合历史资料与现场调研，明确研究范围和规划范围。赖氏洲岛的海岛详细规划研究范围为大鹏新区南澳西涌片区 18km² 的陆域范围及邻近的海域范围。规划范围包括赖氏洲

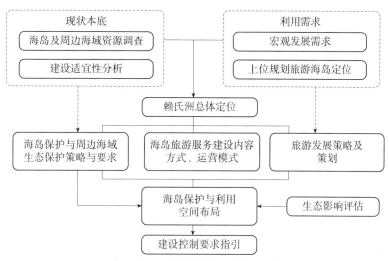

图6-16 赖氏洲海岛详细规划技术路线

本岛，周赖氏洲东岛、西岛、北岛、南岛四个微型基岩岛，共约 3.27hm² 的陆域空间及岛体周边约 100hm² 海域空间。

（2）海岛现状评价与区域发展要求。针对所确定的规划范围，梳理、汇总无居民海岛的自然地理、自然环境、自然资源，以及现状保护与利用情况，分析总结目前存在的主要问题，并结合海洋规划、城乡空间规划、经济社会发展规划、生态保护规划等相关规划的整理，全面掌握影响海岛发展的自然与社会属性。

（3）海岛总体定位与目标。基于海岛自然与社会属性要求，以及现状存在的问题，结合经济社会发展规划的需求，在上位规划所确定的基本分类基础上，明确海岛的功能定位。

（4）保护和利用空间布局。在总体发展战略与目标的指引下，基于生态影响评估，明确岛陆空间保护与利用的功能分区，包括岛陆、岸线及周边海域空间。

（5）海岛保护及利用建设指引。识别海岛资源要素，提出总体保护要求、具体保护措施、保护控制指标，提出生态修复与整治的要求和措施。明确海岛利用建设方式、建设强度与控制要求。

6.6.3 定位与策略

赖氏洲和西涌片区是紧紧依托的生命共同体，西涌片区定位为国际一流的生态滨海度假区，赖氏洲将成为一个依托西涌的短时休闲的精彩景点。

确定赖氏洲的规划定位为：以公共游憩和科普教育为主要功能的生态型休闲服务岛、绿色韧性海岛典范、西涌高品质近岸休闲景点。

策略一：生态立岛策略。建立海岛保护格局与措施，将保护修复与景观构建相结合，优先保育海岛生态系统，建立海岛韧性安全体系。

策略二：创新营岛策略。开展休闲发展策略与策划，定位面向公众的海岛休闲公园，注入现代海洋文化、时尚文化，强化赖氏洲情人岛的形象主题。

策略三：品质建岛策略。制定设施建设方案与运营机制。将公共性服务设施与经营性服务设施相结合，探索新型海岛建设运营机制。

6.6.4 保护与利用现状评估

探索小型海岛"保护与科学利用"相结合路径，从敏感性、安全性、适宜性三个方面对海岛保护与利用进行评价后科学划分保护与利用分区（图6-17）。

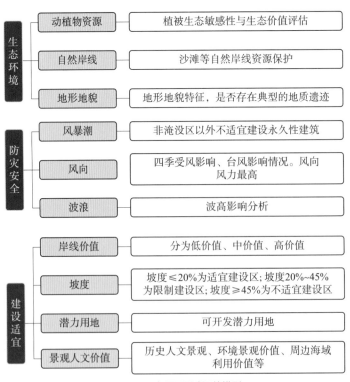

图6-17 多因子影响评估模型

1. 生态环境敏感性评估

根据植被的不同状态将
植被生态系统敏感性分为低、
中、高三个敏感等级。低敏感
区为北部滨海，经台风破坏与
拆迁，外来植物入侵。中敏感
区为海岛背风向，较少受强侵
袭，生态韧性较高，乔木层、
灌木层、草本层多层分布。高
敏感区为海岛沿岸线四周，灌
木层、草本层单层分布，易受
强风侵袭。植被有效固定了岩
土层，防止风化，破坏后恢复
困难（图 6-18）。

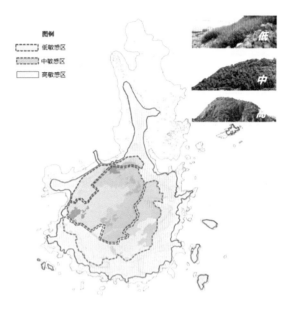

图 6-18 植被生态系统敏感性评估

2. 安全风险评估

赖氏洲岛存在风暴潮风险。根据大鹏湾和大亚湾的极值水位，将岛体地形
数据与极值水位建立关系，根据风暴潮增水影响分析，结合风向及波浪波向预
测，大鹏湾海域潮汐一天出现两次高潮和两次低潮，潮差小于 1.0m。非淹没区
以外不适宜建设永久性建筑（图 6-19）。

赖氏洲主要自然地质损坏现象为海岛岩石崩塌。以海岛东侧、南侧、西南
侧基岩岸线区域为较强发育地带。现有西侧、南侧、东侧三个崩塌点。根据坡
度、水土流失、滑坡、山体裸露、风化等不同程度，将岛体分为强发育区、中
等发育区、弱发育区和不发育区四类地质损坏风险级别（图 6-20）。

3. 利用适宜性评估

基于不同坡度，对建设条件进行分析。海岛的西北侧海域海底地形较为平
缓，适宜建设区域主要分布在北部滨海沿岸，西北缓坡面平均 25%~30%，坡度
变化小为限制建设区域，建设适宜性较低。东南陡坡面平均为 50%，坡度变化
剧烈不适宜建设。

从岸线资源的价值进行评估，结合岸线类型判断，基岩岸线为大鹏半岛地
质公园二级地质景观点，岸线资源价值高。人工岸线为码头相连区域，生态价
值低，目前已损坏。沙质岸线较稳定，具有中等价值。

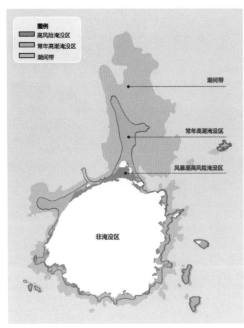

图6-19　赖氏洲风暴潮淹没风险

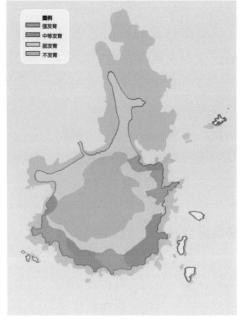

图6-20　海岛地质损坏发育分级划分图

4. 保护与利用分区

本次规划结合海岛实际，将赖氏洲岛划分为严格保护区域、限制利用区域、适度利用区域三类（表6-16、图6-21）。

三类分区管控指引　　　　　　　　　　　　　　　表6-16

	严格保护区域	限制利用区域	适度利用区域
总体管控要求	严格保护岛陆区域、海岛岸线的地形地貌、地质遗迹、生态环境，海岛植被。已造成破坏的应开展生态环境整治修复	维护岛陆区域、海岛岸线的自然风貌、地形地貌、生态环境与海岛植被 在此基础上可开展原生式利用活动。已造成破坏的应开展生态修复与环境整治	维护岛体稳固性，减少植被损坏
活动准入要求及指引	准入活动类型： 科学研究、海岛及海洋监测 保护修复 科普教育 禁止活动类型： 除准入活动以外的任何利用活动	准入活动类型： 科学研究、海岛及海洋监测 保护修复活动 科普教育 休闲游憩 日常管理 禁止活动类型： 除准入活动以外的任何利用活动	准入活动类型： 科学研究、海岛及海洋监测 保护修复活动 科普教育 休闲游憩 交通集散 游客服务 设施建设 日常管理 禁止活动类型： 除准入活动以外的任何利用活动

6.6.5　海岛保护

1. 珊瑚及水下生境保育

赖氏洲西北部海域，在水深 −1~5m 位置分布有珊瑚礁种群，生态敏感性较高。规划将大部分珊瑚分布海域纳入珊瑚保护区，并提出保护要求。结合珊瑚生长对于水质、底质透明度、盐度、水温等的要求，定期开展珊瑚监测调查与生态维育工作，采取针对性的保护措施。同时，结合周边海域的自然条件，提出了周边海域的海上活动保护指引。

进一步规范潜水科普活动，严格规范潜水经营者行为，明确珊瑚资源保护责任。控制潜水活动人数，联合地方管理者、科学研究者、潜水经营方、环保 NGO 的四方力量形成联合保护体系，开展科学保育补植工作，打造深圳首个珊瑚保育科普示范点（图 6-22）。

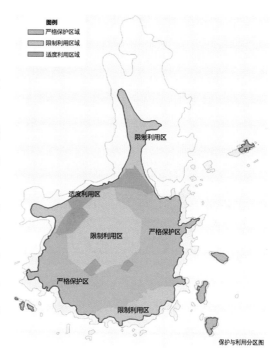

图 6-21　赖氏洲岛保护与利用分区图

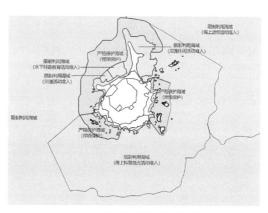

图 6-22　赖氏洲岛珊瑚保护区范围

2. 岸滩修复

考虑到泥沙型等软底质会导致周边珊瑚无法附着，遇有风浪天气，风浪卷起的泥沙会覆盖在珊瑚表面，阻碍其进行正常的光合作用，严重时会造成机械窒息白化。岸滩应采取更具原生态的砾石养滩的方式，利用砾石滩与原巨砾石粒径粗、孔隙度大，波浪下渗率较高等特点，起到较强抵浪消浪的作用，且有利于珊瑚的生长，从而形成稳定度较高的海滩。充分利用岛外侧的弧形线条，铺设不同程度及不同直径的砾石，形成多样化的岸滩景观。

3. 建设区域修复

清除由于台风等导致坍塌的垃圾及碎石，整治区域环境，防止海域污染。采取生态型整治修复措施，修复岸线水土流失区域，构建生态化自然休闲岸线。通过修复已破损的空间，建设适度利用区休闲设施，营造舒适的海岛休闲空间。对灾害痕迹明显，极易发生或加重的区域可采取工程措施进行加固。

4. 海岛植被分区保育

保持植被群落的稳定，促进天然群落向更高级的阶段演替。清除外来入侵物种，结合开敞空间种植合适的景观绿化植被。严格保护草本灌木植被，避免人工活动影响，定期检测、及时修复破坏植被。结合植物园建设，形成以特殊的海岛适生植物知识为主题的"露天科普馆"，为游客提供多样化特色休闲服务。

6.6.6 海岛利用

1. 海岛容量及客群预测

结合西涌城市设计对西涌未来发展的人口规模的预测，西涌旅游区总人口数为 1.7 万 ~2.7 万。依据专类公园核算赖氏洲空间承载游客容量日最大为 1692 人，瞬时最大容量为 282 人。结合深圳人口年轻化的特点、粤港澳大湾区的消费特征，预测未来度假人群以中高端、年轻活力的度假人群为主，包括亲子全家出游、情侣度假、观星及野外探险等的个性人群。

2. 休闲活动及功能分区

将现代艺术、传统文化、滨海运动、自然观光、休闲度假相结合。突出"自然景观的亲近可达""海岛资源的有效挖掘""文化景观的锦上添花""人文与自然的交相辉映""多样的活动内容、丰富的休闲体验"。重点从"标志性、话题性、时代性、参与感"四个方面丰富海岛内涵，凸显独特魅力。结合自然条件及适建性分析，规划确定海岛利用四大功能分区（图6-23）。

北侧为平滩休闲区，分别结合珊瑚、浅滩、独特地貌特征，在海岛设施设计和活动中融入浪漫元素，通过不同地标设计，打造浪漫打卡胜地。岛中央为山海公园区，通过设置缓坡步道、林间小屋和观景平台等，打造青少年的植物科普教育基地。西侧地势平坦，规划作为综合服务区，将海洋科普、培训服务等功能融合为一体，打造景观、建筑与艺术融为一体的地标建筑，周边结合主题广场定期举办露天艺术季，强化海岛的宣传和文艺生活展示。海岛东侧为海上观景区，通过亲水栈道将广场与礁石串联，形成独特的海上观景平台，让游客身处海上，可以看见赖氏洲侧峰，听到海浪声（图 6-24）。

3. 陆岛交通

陆岛交通推荐通过小型游船接驳方式连接。码头选址倚靠综合服务区，经风速、海浪等风险分析后，建议在西部规划设置码头，并避开潜水活动区域。

4. 海岛及周边海域管控

结合海岛的三类分区，将海岛陆域部分的保护与利用分为八大类型进行管控，严格保护区包括地质

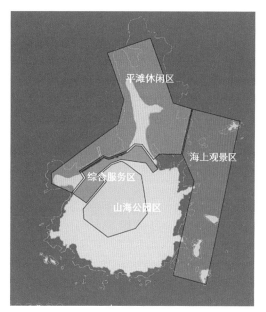

图 6-23 海岛空间布局规划图

遗迹与岸线保护区、海岛风貌与植被保护区；限制利用区包括岸滩休闲区（沙滩、岩滩）、岛陆休闲区、岸滩休闲区（基岩岸线）；适度利用区包括绿地广场用岛、休闲旅游与公共服务混合用岛、休闲旅游用岛（图 6-25）。

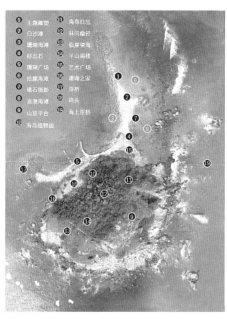

图 6-24 海岛规划总平面图

图 6-25 海岛及周边海域管控图

同时，将周边海域划定为严格保护与限制利用两大类。严格保护海域主要为珊瑚分布区域，以及地质遗迹分布的岸线相邻海域，除科学研究、保护修复、游船通过外，禁止开展其他类型的用海活动。除严格保护海域外，划定赖氏洲周边约 500m 范围内其他海域为限制利用海域。限制利用海域可开展科学研究、保护修复活动，允许游船与客运船只通过，禁止养殖和捕捞活动，禁止开展明显改变海岛冲淤环境、危害海岛生态环境的用海活动，禁止建设永久性建筑物。

参考文献
REFERENCE

[1] 栾维新. 海洋规划的区域类型与特征研究 [J]. 人文地理，2005（1）：37–41.

[2] 李生辉. 海洋空间规划的缘起、演变与展望——基于全球数据的实证分析 [J]. 太平洋学报，2022，30（11）：92–106.

[3] 刘佳，李双建. 世界主要沿海国家海洋规划发展对我国的启示 [J]. 海洋开发与管理，2011，28（3）：1–5.

[4] 朱晖，高海淳. 美国海洋环境保护立法体系及其启示 [J]. 浙江海洋大学学报（人文科学版），2020，37（6）：42–47.

[5] 刘佳，李双建. 我国海洋规划历程及完善规划发展研究初探 [J]. 海洋开发与管理，2011，28（5）：8–10.

[6] 傅梦孜，李岩. 美国海洋战略的新一轮转型 [N]. 中国海洋报，2018–12–13.

[7] 夏立平，苏平. 美国海洋管理制度研究——兼析奥巴马政府的海洋政策 [J]. 美国研究，2011，25（4）：77–93，4.

[8] 肖军. "多规合一"与国土空间规划法的模式转变 [J]. 北京社会科学，2021（8）：67–76.

[9] 刘百桥，阿东，关道明. 2011—2020 年中国海洋功能区划体系设计 [J]. 海洋环境科学，2014，33（3）：441–445.

[10] 王铁民，丁志习. 对海域使用管理几个问题的探讨 [J]. 海洋信息，1997（1）：1–4.

[11] 彭子奇，郭雨晨，曹深西，等. 多用途用海发展与管理研究 [J/OL]. 自然资源情报，1–7 [2024–7–11]. http://kns.cnki.net/kcms/detail/10.1798.N.20231024.1648.002.html.

[12] 李萍，原峰，张祥国. 构建广东省海洋规划体系的策略研究 [J]. 海洋开发与管理，2007（4）：32–36.

[13] 张彤华. 构建国土空间规划法律制度的一些思考 [J]. 城市发展研究，2019，26（11）：108–115.

[14] 向往. 国土空间规划法研究 [D]. 重庆：重庆大学，2022.

[15] 田亦尧，王爱毅. 国土空间规划立法的法体模式及其选择标准 [J]. 国际城市规划，2021，36（3）：83–90，135.

[16] 狄乾斌，韩旭.国土空间规划视角下海洋空间规划研究综述与展望 [J].中国海洋大学学报（社会科学版），2019（5）：59-68.

[17] 黄杰，王权明，黄小露，等.国土空间规划体系改革背景下海洋空间规划的发展 [J].海洋开发与管理，2019，36（5）：14-18.

[18] 孟雪，滕欣，张盼盼.国土空间规划体系下海洋空间资源管理问题研究 [J].浙江海洋大学学报（人文科学版），2023，40（4）：7-16.

[19] 汪雪，陈培雄，王志文，等.国土空间规划体系中县级海洋空间规划编制实践 [J].规划师，2022，38（8）：91-97.

[20] 韩昀浩.国土空间规划制度研究 [D].沈阳：辽宁大学，2024.

[21] 李双建，王江涛，刘佳，等.海洋规划体系框架构建 [J].海洋湖沼通报，2012（2）：129-136.

[22] 赵广英，李晨.基于立法视角的空间规划体系改革思路研究 [J].城市规划学刊，2018（5）：37-45.

[23] 李伟元，冯永忠，张天中.加强国土规划立法，实行"多规合一"，改革完善国土规划管理体系的探索与思考 [C]// 中国土地学会.2016 年中国土地学会学术年会论文集.兰州：甘肃省土地学会，甘肃省国土资源规划研究院，2016：5.

[24] 张忠利.空间规划法的立法进路和体系框架：南非经验及其启示 [J].中国政法大学学报，2020（3）：60-72，207.

[25] 王厚军，丁宁，岳奇，等.陆海统筹背景下海域综合管理探析 [J].海洋开发与管理，2021，38（1）：3-7.

[26] 吕一平，赵民.论《国土空间规划法》的立法视域、法律秩序与体系衔接 [J].城市规划，2023，47（3）：28-37.

[27] 谭纵波，高浩歌.日本国土规划法规体系研究 [J].规划师，2021，37（4）：71-80.

[28] 方春洪，刘堃，王昌森.生态文明建设下海洋空间规划体系的构建研究 [J].海洋开发与管理，2017，34（12）：89-93.

[29] 韩爱青，索安宁.试论新时代海洋空间规划的规划层级及规划重点 [J].海洋环境科学，2022，41（5）：761-766.

[30] 侯松岩.位阶明晰、体系完善、协调有序：国外国土空间规划法规体系研究及启示 [C]// 中国城市规划学会.人民城市，规划赋能——2022 中国城市规划年会论文集（11 城乡治理与政策研究）.广东省城乡规划设计研究院有限责任公司国土空间创新所.北京：中国建筑工业出版社，2023：9.

[31] 黄锡生，王中政.我国《国土空间规划法》立法的功能定位与制度构建 [J].东北大学学报（社会科学版），2021，23（5）：81-87.

[32] 杨勐.我国国土空间规划法律体系构建研究 [D].海口：海南大学，2022.

[33] 蒋奕奕.我国国土空间规划立法的完善 [D].贵阳：贵州大学，2022.

[34] 王江涛 . 我国海洋空间规划的"多规合一"对策 [J]. 城市规划，2018，42（4）：24-27.

[35] TYLDESLEY. Irish sea pilot project：coastal and marine spatial planning framework[J]. 2004.

[36] TUNDI A. 区划海洋：提高海洋管理成效 [M]. 李双建，译 . 北京：海洋出版社，2012.

[37] SUE K. 海洋规划与管理的生态系统方法 [M]. 徐胜，译 . 北京：海洋出版社，2013.

[38] 古海波，屈秋实，缪迪优 . 全球海洋中心城市指标体系构建探索 [J]. 规划师，2023，39（9）：83-88.

[39] 李孝娟，刘大海，古海波 . 海洋思维下的城市转型探索——深圳建设全球海洋中心城市的建设路径 [J]. 中国国土资源经济，2024，37（5）：61-70.

[40] 古海波 . 深圳海洋规划体系构建思路与管理制度创新 [J]. 规划师，2024（9）：32-38.

[41] 姚朋 . 当代加拿大海洋经济管理、海洋治理及其挑战 [J]. 晋阳学刊，2021（6）：88-92，101.

[42] 王斌，杨振姣 . 基于生态系统的海洋管理理论与实践分析 [J]. 太平洋学报，2018，26（6）：87-98.

[43] 张灵杰 . 美国海岸带综合管理及其对我国的借鉴意义 [J]. 世界地理研究，2001（2）：42-48.

[44] 李彦平，魏金龙，刘大海 . 英国海岸带综合管理体制改革及启示——以《英格兰海岸带协议》为例 [J]. 中国土地，2021（7）：55-58.

[45] 杨振姣，张寒，牛解放 . 生态文明视域下中国海洋空间规划研究 [J]. 中国海洋经济，2022，7（2）：71-86.

[46] 赵燕菁 . 大崛起：中国经济的增长与转型 [M]. 北京：中国人民大学出版社，2023.

[47] 张春宇 . 全球海洋中心城市的内涵与建设思路 [J]. 海洋经济，2021，11（5）：58-67.

[48] 肖若兰，马仁锋，马静武，等 . 全球海洋中心城市：理论溯源、衡量基线与方法论争 [J/OL]. 世界地理研究，1-15[2024-7-11].http：//kns.cnki.net/kcms/detail/31.1626. P.20231108.1049.004.html.

[49] 钮钦 . 全球海洋中心城市：内涵特征、中国实践及建设方略 [J]. 太平洋学报，2021，29（8）：85-96.

[50] 崔翀，古海波，宋聚生，等 ."全球海洋中心城市"的内涵、目标和发展策略研究——以深圳为例 [J]. 城市发展研究，2022，29（1）：66-73.

[51] 赵劲松 . 建设全球海洋中心，引领世界海洋发展 [Z]. 2021.

[52] 张祥建 . 海洋文明和大陆文明的融合："一带一路"下的中国大战略 [J]. 社会科学家，2016（11）：14-19.

[53] 李孝娟，傅文辰，缪迪优，等 . 陆海统筹指导下的深圳海岸带规划探索 [J]. 规划师，2019，35（7）：18-24.

[54] 郭振仁. 海岸带空间规划与综合管理——面向潜在问题的创新方法 [M]. 北京：科学出版社，2013.

[55] 郑克芳，邢建芬，李欣泽，等. 由我国周边海域紧张局势引发的思考——其它海洋强国立法对我国的借鉴意义 [J]. 华南理工大学学报（社会科学版），2013，15（6）：31-35.

[56] 况腊生. 论日本海洋战略及海洋体制的发展 [J]. 日本研究，2022（2）：76-88.

[57] 刘昊，毕菁菁，王顺吉. 海洋强国战略背景下大连市海洋经济发展成效、问题及策略研究 [J]. 河北渔业，2022（9）：41-44.

[58] 古海波，李孝娟，邢文秀，等. 基于陆海统筹的深圳市海域详细规划路径探索 [J]. 城市规划学刊，2023（5）：71-78.

[59] 陆杰华，曾筱萱，陈瑞晴. "一带一路"背景下中国海洋城市的内涵、类别及发展前景 [J]. 城市观察，2020（3）：126-133.

[60] 魏正波，罗彦，肖锐琴，等. 国土空间陆海统筹规划策略与管控探索——以广东省为例 [J]. 热带地理，2022，42（4）：544-553.

[61] 葛春晖，张永波，李海涛，等. 探索国土空间规划治理转型新路径——以宁波市为例 [J]. 城市规划学刊，2022（S2）：241-246.

[62] 叶果，李欣，王天青. 国土空间规划体系中的涉海详细规划编制研究 [J]. 规划师，2020，36（20）：45-49.

[63] 深圳市规划和自然资源局. 深圳市海洋发展规划（2023—2035 年）[R].

[64] 深圳市规划和自然资源局. 深圳市海洋空间发展战略规划 [R].

[65] 深圳市规划和自然资源局. 深圳市海洋生态环境保护规划（2016—2025 年）[R].

[66] 深圳市规划和自然资源局. 深圳市海岸带综合保护与利用规划（2018—2035）[R].

[67] 深圳市规划和自然资源局. 深圳市海岸带陆海统筹规划与设计导则 [R].

[68] 深圳市规划和自然资源局. 深圳市沙滩专项规划 [R].

[69] 深圳市规划和自然资源局. 2020 年度沙滩保护与利用情况跟踪评价 [R].

[70] 深圳市规划和自然资源局. 深圳市沙滩资源保护管理办法 [R].

[71] 深圳市规划和自然资源局. 深圳市湖湾公共浴场及沙滩公园规划 [R].

[72] 深圳市规划和自然资源局. 深圳市土洋—官湖海岸带地区详细规划 [R].

[73] 深圳市规划和自然资源局. 深圳市无居民海岛保护利用标准与准则 [R].

[74] 深圳市规划和自然资源局. 深圳市大铲岛利用规划 [R].

[75] 深圳市规划和自然资源局. 深圳市赖氏洲保护与利用规划 [R].